西式面点师

（第2版）

五 级

U0350993

编审委员会

主　　任　　仇朝东

委　　员　　葛恒双　顾卫东　宋志宏　杨武星　孙兴旺

　　　　　　刘汉成　葛　玮

执行委员　　孙兴旺　张鸿樑　李　晔　瞿伟洁

中国劳动社会保障出版社

图书在版编目（CIP）数据

西式面点师：五级/上海市职业技能鉴定中心组织编写. —2 版. —北京：中国劳动社会
保障出版社，2012

（1＋X 职业技能鉴定考核指导手册）

ISBN 978-7-5045-9871-4

Ⅰ.①西…　Ⅱ.①上…　Ⅲ.①西式菜肴-面食-制作-职业技能-鉴定-自学参考资料
Ⅳ.①TS972.116

中国版本图书馆 CIP 数据核字（2012）第 177419 号

中国劳动社会保障出版社出版发行

（北京市惠新东街 1 号　邮政编码：100029）

出 版 人：张梦欣

*

三河市华骏印务包装有限公司印刷装订　新华书店经销

787 毫米×960 毫米　16 开本　11.75 印张　191 千字

2012 年 8 月第 2 版　　2019 年 10 月第 11 次印刷

定价：24.00 元

读者服务部电话：（010）64929211/84209101/64921644

营销中心电话：（010）64962347

出版社网址：http：//www.class.com.cn

版权专有　　侵权必究

如有印装差错，请与本社联系调换：（010）81211666

我社将与版权执法机关配合，大力打击盗印、销售和使用盗版
图书活动，敬请广大读者协助举报，经查实将给予举报者奖励。

举报电话：（010）64954652

三、操作技能考核方案

考核项目表

职业（工种）名称			西式面点师				
职业代码					等级		五　级
序号	项目名称	单元编号	单元内容	考核方式	选考方法	考核时间（min）	配分（分）
1	混酥类糕点制作	1	塔类制作	操作	抽一	35	18
		2	排类制作	操作			
		3	攀类制作	操作			
		4	饼干类制作	操作	必考	30	17
2	蛋糕制作	1	全蛋蛋糕制作	操作	抽一	30	25
		2	油蛋糕制作	操作			
3	面包制作	1	软质面包制作	操作	必考	60	25
4	果冻制作	1	果冻制作	操作	必考	25	15
合计						180	100
备注							

第2部分

鉴定要素细目表

职业（工种）名称					西式面点师	等级	五级
职业代码							
序号	鉴定点代码				鉴定点内容	备注	
	章	节	目	点			
	1				西式面点基础知识		
	1	1			职业道德		
	1	1	1		职业道德基本知识		
1	1	1	1	1	职业道德的定义		
2	1	1	1	2	职业道德的决定性作用		
3	1	1	1	3	职业道德的促进性作用		
4	1	1	1	4	职业道德的经济性作用		
5	1	1	1	5	职业道德的法律性作用		
	1	1	2		职业守则		
6	1	1	2	1	职业人员的职业道德要求		
7	1	1	2	2	职业人员的敬业精神要求		
8	1	1	2	3	职业人员的团结协作要求		
9	1	1	2	4	职业人员的进取精神要求		
	1	2			西式面点介绍		
	1	2	1		西式面点概况		
10	1	2	1	1	西式面点定义		
11	1	2	1	2	西式面点在西餐中的地位		

职业（工种）名称				西式面点师	等级	五级
职业代码						
序号	章	节	目	点	鉴定点内容	备注
169	3	1	6	7	软质面包中糖的作用	
170	3	1	6	8	软质面包中盐的作用	
	3	1	7		面包成熟的方法和注意事项	
171	3	1	7	1	面包成熟的方法	
172	3	1	7	2	软质面包烘烤成熟的温度要求	
173	3	1	7	3	软质面包烘烤成熟的注意事项	
	3	1	8		油炸锅的使用	
174	3	1	8	1	油炸锅的使用方法	
175	3	1	8	2	软质面包的油炸成熟的方法	
	3	1	9		软质面包成熟的鉴定方法	
176	3	1	9	1	软质面包色泽的要求	
177	3	1	9	2	软质面包形态的要求	
178	3	1	9	3	软质面包组织结构的要求	
	3	2			面包制作技能实训内容	
	3	2	1		按软质面包配方配料	
179	3	2	1	1	软质面包配方的基本要求	
	3	2	2		按程序搅拌软质面包面团	
180	3	2	2	1	按程序搅拌软质面包面团工艺过程	
	3	2	3		运用直接发酵法醒发软质面包面团	
181	3	2	3	1	直接发酵法醒发软质面包面团工艺过程	
	3	2	4		制作软质面包生坯	
182	3	2	4	1	运用各种手法成形软质面包面团	
	3	2	5		使用醒发设备醒发软质面包生坯	
183	3	2	5	1	醒发箱醒发软质面包面团的湿度要求	
	3	2	6		运用烤箱成熟软质面包	
184	3	2	6	1	烤箱的预热	

续表

职业（工种）名称				西式面点师	等级	五级
职业代码						
序号	鉴定点代码				鉴定点内容	备注
	章	节	目	点		
185	3	2	6	2	烤箱成熟软质面包的温度要求	
	3	2	7		运用油炸锅成熟软质面包	
186	3	2	7	1	油的预热	
187	3	2	7	2	油炸锅成熟软质面包的温度要求	
	4				蛋糕制作	
	4	1			蛋糕制作理论教学内容	
	4	1	1		蛋糕的分类	
188	4	1	1	1	蛋糕的种类	
189	4	1	1	2	海绵蛋糕的定义	
190	4	1	1	3	油脂蛋糕的定义	
	4	1	2		搅拌机的使用方法	
191	4	1	2	1	面糊搅拌机的选择	
192	4	1	2	2	海绵蛋糕的发泡原理	
193	4	1	2	3	油脂蛋糕的发泡原理	
	4	1	3		调制蛋糕面糊的工艺方法	
194	4	1	3	1	调制海绵蛋糕面糊的基本方法	
195	4	1	3	2	海绵蛋糕面糊全蛋搅拌法的工艺方法	
196	4	1	3	3	调制海绵蛋糕面糊面粉的选择	
197	4	1	3	4	调制海绵蛋糕面糊鸡蛋的选择	
198	4	1	3	5	调制油脂蛋糕面糊的基本方法	
199	4	1	3	6	油脂蛋糕面糊油糖搅拌法的工艺方法	
200	4	1	3	7	油脂蛋糕面糊粉油搅拌法的工艺方法	
201	4	1	3	8	不同油脂蛋糕面糊搅拌方法的选用	
	4	1	4		制作蛋糕模具的种类和用途	
202	4	1	4	1	正确选择海绵蛋糕模具的方法	
203	4	1	4	2	海绵蛋糕糊入模填充量标准的掌握	

改 版 说 明

    1+X 职业技能鉴定考核指导手册《西式面点师（五级）》自 2009 年出版以来深受从业人员的欢迎，在西式面点师（五级）职业资格鉴定、职业技能培训和岗位培训中发挥了很大的作用。

    随着我国科技进步、产业结构调整、市场经济的不断发展，新的国家和行业标准的相继颁布和实施，对五级西式面点师的职业技能提出了新的要求。2011 年上海市职业技能鉴定中心组织有关方面的专家和技术人员，对西式面点师的鉴定考核题库进行了提升，计划于 2012 年公布使用，并按照新的五级西式面点师职业技能鉴定题库对指导手册进行了改版，以便更好地为参加培训鉴定的学员和广大从业人员服务。

前 言

职业资格证书制度的推行，对广大劳动者系统地学习相关职业的知识和技能，提高就业能力、工作能力和职业转换能力有着重要的作用和意义，也为企业合理用工以及劳动者自主择业提供了依据。

随着我国科技进步、产业结构调整以及市场经济的不断发展，特别是加入世界贸易组织以后，各种新兴职业不断涌现，传统职业的知识和技术也越来越多地融进当代新知识、新技术、新工艺的内容。为适应新形势的发展，优化劳动力素质，上海市人力资源和社会保障局在提升职业标准、完善技能鉴定方面做了积极的探索和尝试，推出了1＋X培训鉴定模式。1＋X中的1代表国家职业标准，X是为适应上海市经济发展的需要，对职业标准进行的提升，包括对职业的部分知识和技能要求进行的扩充和更新。上海市1＋X的培训鉴定模式，得到了国家人力资源和社会保障部的肯定。

为配合上海市开展的1＋X培训与鉴定考核的需要，使广大职业培训鉴定领域专家以及参加职业培训鉴定的考生对考核内容和具体考核要求有一个全面的了解，人力资源和社会保障部教材办公室、中国就业培训技术指导中心上海分中心、上海市职业技能鉴定中心联合组织有关方面的专家、技术人员共同编写了《1＋X职业技能鉴定考核指导手册》。该手册由"理论知识复习题""操作技能复习题"和"理论知识模拟试卷及操作技能模拟试卷"三大块内容组成，书中介绍了题库的命题依据、试卷结构和题型题量，同时从上海市1＋X鉴定题库中抽取部分理论知识试题、操作技能试题和模拟样卷供考生参考和练习，便于考生能够有针对性地进行考前复习准备。今后我们会随着国家职业标准以及鉴定题库的提升，逐步对手册内容进行补充和完善。

　　本系列手册在编写过程中，得到了有关专家和技术人员的大力支持，在此一并表示感谢。

　　由于时间仓促，缺乏经验，如有不足之处，恳请各使用单位和个人提出宝贵意见和建议。

1＋X职业技能鉴定考核指导手册

编审委员会

目 录

CONTENTS　　1＋X 职业技能鉴定考核指导手册

西式面点师职业简介

一、职业名称

西式面点师。

二、职业定义

运用不同的操作技术、成形技巧及成熟方法对主料、辅料进行加工，制成西式风味面食、点心的人员。

三、主要工作内容

从事的工作主要包括：（1）检查设备、工具；（2）配备原辅料并计算产品价格；（3）辅助原料制作；（4）调制各类面团；（5）面点成形和熟制；（6）创意甜品类制作；（7）装饰制品、成品装盘。

第1部分
西式面点师（五级）鉴定方案

一、鉴定方式

西式面点师（五级）的鉴定方式分为理论知识考试和操作技能考核。理论知识考试采用闭卷计算机机考方式，操作技能考核采用现场实际操作方式。理论知识考试和操作技能考核均实行百分制，成绩皆达 60 分及以上者为合格。理论知识或操作技能不及格者可按规定分别补考。

二、理论知识考试方案（考试时间 90 min）

题型 ＼ 题库参数	考试方式	鉴定题量	分值（分/题）	配分（分）
判断题	闭卷机考	60	0.5	30
单项选择题		70	1	70
小计	—	130	—	100

职业（工种）名称					西式面点师	等级	五级
职业代码							
序号	鉴定点代码				鉴定点内容	备注	
	章	节	目	点			
12	1	2	1	3	西式面点的特点		
13	1	2	1	4	西式面点的发源地		
14	1	2	1	5	西式面点在中国的发展历史		
15	1	2	1	6	西式面点按加工工艺分类的种类		
	1	3			食品卫生基础知识		
	1	3	1		《食品安全法》简介		
16	1	3	1	1	《食品安全法》实施日期		
17	1	3	1	2	《食品安全法》的基本要求		
	1	3	2		食品卫生基本要求		
18	1	3	2	1	食品从业人员体检要求		
19	1	3	2	2	食品从业人员健康要求		
20	1	3	2	3	食品从业人员个人卫生要求		
21	1	3	2	4	食品操作环境的卫生要求		
22	1	3	2	5	食品容器具的卫生要求		
	1	3	3		食品污染及预防		
23	1	3	3	1	食物中毒的定义		
24	1	3	3	2	食物中毒的类型		
25	1	3	3	3	细菌性食物中毒的定义		
26	1	3	3	4	细菌性食物中毒的特征		
27	1	3	3	5	非细菌性食物中毒的定义		
28	1	3	3	6	非细菌性食物中毒的种类		
	1	4			营养学基础知识		
	1	4	1		营养概念		
29	1	4	1	1	营养的定义		
	1	4	2		营养素的种类及生理功能		
30	1	4	2	1	糖类的种类		

职业（工种）名称				西式面点师	等级	五级
职业代码						
序号	鉴定点代码				鉴定点内容	备注
	章	节	目	点		
31	1	4	2	2	糖类的生理功能	
32	1	4	2	3	脂类的种类	
33	1	4	2	4	脂类的生理功能	
34	1	4	2	5	蛋白质组成单位	
35	1	4	2	6	蛋白质的生理功能	
36	1	4	2	7	维生素的种类	
37	1	4	2	8	维生素的生理功能	
38	1	4	2	9	无机盐的种类	
39	1	4	2	10	无机盐的生理功能	
40	1	4	2	11	水的生理功能	
	1	5			主要原料知识	
	1	5	1		面粉的种类与性能	
41	1	5	1	1	面粉的来源	
42	1	5	1	2	小麦按硬度不同分类	
43	1	5	1	3	硬小麦面粉适应制作的产品	
44	1	5	1	4	软小麦面粉适应制作的产品	
45	1	5	1	5	全麦粉的加工方法	
46	1	5	1	6	面粉的分类	
47	1	5	1	7	高筋面粉的基本性能	
48	1	5	1	8	中筋面粉的基本性能	
49	1	5	1	9	低筋面粉的基本性能	
50	1	5	1	10	面粉中淀粉的物理性能	
51	1	5	1	11	面粉中淀粉的化学性能	
52	1	5	1	12	面粉中蛋白质的物理性能	
53	1	5	1	13	面粉中蛋白质的化学性能	
	1	5	2		油脂的种类与性能	

序号	鉴定点代码				鉴定点内容	备注
	职业（工种）名称				西式面点师	等级	五级

序号	章	节	目	点	鉴定点内容	备注
54	1	5	2	1	油脂的种类	
55	1	5	2	2	黄油的定义	
56	1	5	2	3	黄油的性能	
57	1	5	2	4	人造奶油的定义	
58	1	5	2	5	人造奶油的性能	
59	1	5	2	6	起酥油的定义	
60	1	5	2	7	起酥油的性能	
61	1	5	2	8	植物油的定义	
62	1	5	2	9	植物油的种类	
63	1	5	2	10	植物油的性能	
64	1	5	2	11	油脂的性能	
65	1	5	2	12	油脂的作用	
66	1	5	2	13	油脂品质的检验方法	
	1	5	3		糖的种类与性能	
67	1	5	3	1	糖的种类	
68	1	5	3	2	白砂糖的定义	
69	1	5	3	3	白砂糖的性能	
70	1	5	3	4	蜂蜜的定义	
71	1	5	3	5	蜂蜜的性能	
72	1	5	3	6	葡萄糖的定义	
73	1	5	3	7	葡萄糖的性能	
74	1	5	3	8	糖粉的定义	
75	1	5	3	9	糖的性能	
76	1	5	3	10	糖的作用	
77	1	5	3	11	糖的保管要求	
	1	5	4		蛋的种类与性能	

续表

职业（工种）名称				西式面点师	等级	五级
职业代码						
序号	鉴定点代码				鉴定点内容	备注
	章	节	目	点		
78	1	5	4	1	西点制作中蛋的运用	
79	1	5	4	2	鸡蛋的性能	
80	1	5	4	3	鸡蛋在西点制作中的作用	
81	1	5	4	4	鸡蛋的品质检验	
	1	6			常用设备、工具使用知识	
	1	6	1		烘烤设备	
82	1	6	1	1	烤箱的种类	
83	1	6	1	2	烤箱的工作原理	
84	1	6	1	3	烤箱的使用知识	
85	1	6	1	4	微波炉的使用知识	
86	1	6	1	5	油炸炉的使用知识	
	1	6	2		机械设备	
87	1	6	2	1	搅拌机的种类	
88	1	6	2	2	压面机的工作原理	
89	1	6	2	3	切片机的定义	
90	1	6	2	4	成形机的种类	
	1	6	3		恒温设备	
91	1	6	3	1	发酵箱的工作原理	
92	1	6	3	2	电冰箱的保养知识	
	1	6	4		常用工具	
93	1	6	4	1	常用刀具的种类	
94	1	6	4	2	常用刀具的使用知识	
95	1	6	4	3	常用模具的种类	
96	1	6	4	4	常用模具的使用知识	
97	1	6	4	5	其他常用工具的种类	
98	1	6	4	6	其他常用工具的使用知识	

续表

序号	职业（工种）名称				西式面点师	等级	五级
	职业代码						
	鉴定点代码				鉴定点内容	备注	
	章	节	目	点			
	1	7			安全使用知识		
	1	7	1		机械设备安全使用知识		
99	1	7	1	1	烤箱安全使用知识		
100	1	7	1	2	机械设备安全使用知识		
101	1	7	1	3	恒温设备安全使用知识		
102	1	7	1	4	器具安全使用知识		
	1	7	2		器具的保养		
103	1	7	2	1	常用器具的保养		
	1	8			成本核算		
	1	8	1		单位成本核算		
104	1	8	1	1	成本核算的概念		
105	1	8	1	2	单位成本的概念		
	1	8	2		总成本核算		
106	1	8	2	1	总成本的概念		
	1	8	3		成本核算的任务、意义及方法		
107	1	8	3	1	成本核算的任务		
108	1	8	3	2	成本核算的意义		
109	1	8	3	3	成本核算的方法		
	1	9			常用英语词汇		
	1	9	1		原料英语名称		
110	1	9	1	1	乳制品原料英语名称		
111	1	9	1	2	其他原料英语名称		
	1	9	2		辅料英语名称		
112	1	9	2	1	辅料英语名称		
	2				混酥类糕点制作		
	2	1			混酥类理论教学内容		

序号	职业（工种）名称				西式面点师	等级	五级

序号	鉴定点代码				鉴定点内容	备注
	章	节	目	点		
	2	1	1		混酥面团主要原料的种类和工艺性能	
113	2	1	1	1	混酥类点心的定义	
114	2	1	1	2	混酥类点心的酥松性	
115	2	1	1	3	混酥类点心制作面粉的选用	
116	2	1	1	4	混酥类点心制作面粉选用的注意事项	
117	2	1	1	5	混酥类点心制作油脂的选用	
118	2	1	1	6	混酥类点心制作油脂选用的注意事项	
119	2	1	1	7	混酥类点心制作糖类的选用	
120	2	1	1	8	混酥类点心制作糖类的选用注意事项	
121	2	1	1	9	混酥类面团的油糖调制法	
122	2	1	1	10	混酥类面团油糖调制法的注意事项	
123	2	1	1	11	混酥类面团的粉油调制法	
124	2	1	1	12	混酥类面团粉油调制法的注意事项	
	2	1	2		混酥面团原料配料的方法与要求	
125	2	1	2	1	混酥面团原料配料的方法	
126	2	1	2	2	混酥面团原料配料的要求	
	2	1	3		计量设备的使用方法	
127	2	1	3	1	电子秤的使用方法	
128	2	1	3	2	电子秤使用的注意事项	
129	2	1	3	3	其他计量设备的使用方法	
	2	1	4		制作生坯的工具、模具的种类、用途和使用保养知识	
130	2	1	4	1	混酥面坯成形的模具种类	
131	2	1	4	2	混酥类模具的使用方法	
132	2	1	4	3	混酥类模具的保养知识	
	2	1	5		混酥类生坯成形的基本手法	
133	2	1	5	1	混酥类生坯擀制的手法	

序号	职业（工种）名称				西式面点师	等级	五级

序号	鉴定点代码				鉴定点内容	备注
	章	节	目	点		
134	2	1	5	2	混酥类生坯切割的手法	
	2	1	6		烤箱的性能、使用与保养知识	
135	2	1	6	1	烤箱的使用方法	
136	2	1	6	2	烤箱的保养知识	
	2	1	7		混酥类糕点成熟的工艺方法和注意事项	
137	2	1	7	1	混酥类糕点成熟的方法	
138	2	1	7	2	影响混酥类糕点成熟的因素	
139	2	1	7	3	混酥类糕点成熟的注意事项	
	2	2			混酥类技能教学内容	
	2	2	1		混酥面团的配料	
140	2	2	1	1	按配方对混酥面团进行配料	
	2	2	2		调制混酥类面团	
141	2	2	2	1	按操作工艺调制混酥类面团	
	2	2	3		塔类、排类、派类生坯的制作	
142	2	2	3	1	塔类生坯的制作	
143	2	2	3	2	排类、派类生坯的制作	
	2	2	4		饼干类生坯的制作	
144	2	2	4	1	制作饼干类生坯	
	2	2	5		使用烤箱成熟塔类、排类、派类生坯	
145	2	2	5	1	烘烤混酥类制品温度的要求	
146	2	2	5	2	烘烤混酥类制品时间的要求	
	2	2	6		使用烤箱成熟饼干类生坯	
147	2	2	6	1	烘烤饼干类制品温度的要求	
148	2	2	6	2	烘烤饼干类制品时间的要求	
	3				面包制作	
	3	1			面包制作理论教学内容	

续表

职业（工种）名称				西式面点师	等级	五级
职业代码						
序号	鉴定点代码			鉴定点内容		备注
	章	节	目	点		
	3	1	1		面包搅拌设备的使用方法	
149	3	1	1	1	面包搅拌机的种类	
150	3	1	1	2	面包搅拌机的使用方法	
	3	1	2		面包直接发酵法的发酵原理	
151	3	1	2	1	面包直接发酵法的概念	
152	3	1	2	2	面包直接发酵法的工艺方法	
	3	1	3		软质面包发酵知识	
153	3	1	3	1	软质面包发酵方法	
154	3	1	3	2	软质面包发酵工艺	
	3	1	4		软质面包生坯成形手法	
155	3	1	4	1	软质面包生坯的分割方法	
156	3	1	4	2	软质面包生坯的滚圆方法	
157	3	1	4	3	软质面包生坯的中间醒发	
158	3	1	4	4	软质面包生坯的成形方法	
159	3	1	4	5	软质面包生坯的装盘要求	
	3	1	5		醒发箱的使用方法	
160	3	1	5	1	醒发箱温度、湿度的设置	
161	3	1	5	2	软质面包生坯的最后醒发	
162	3	1	5	3	软质面包生坯的烤前装饰	
	3	1	6		软质面包烘焙知识	
163	3	1	6	1	软质面包面团搅拌的物理效应	
164	3	1	6	2	软质面包面团搅拌的化学效应	
165	3	1	6	3	软质面包面团搅拌的工艺特性	
166	3	1	6	4	软质面包中面粉的作用	
167	3	1	6	5	软质面包中酵母的作用	
168	3	1	6	6	软质面包中水的作用	

职业（工种）名称				西式面点师	等级	五级
职业代码						
序号	鉴定点代码			鉴定点内容		备注
	章	节	目	点		
204	4	1	4	3	正确选择油脂蛋糕模具的方法	
205	4	1	4	4	油脂蛋糕糊入模填充量标准的掌握	
206	4	1	4	5	油脂蛋糕糊入模的注意事项	
	4	1	5		蛋糕成熟的鉴定方法	
207	4	1	5	1	海绵蛋糕成熟色泽的判断方法	
208	4	1	5	2	海绵蛋糕成熟形态的判断方法	
209	4	1	5	3	油脂蛋糕成熟色泽的判断方法	
210	4	1	5	4	油脂蛋糕成熟形态的判断方法	
	4	1	6		蛋糕成熟的烘焙知识	
211	4	1	6	1	烘烤蛋糕前的准备工作要求	
212	4	1	6	2	烘烤蛋糕时模具的排列要求	
213	4	1	6	3	烘烤蛋糕烤箱温度的设置	
214	4	1	6	4	烘烤蛋糕烤箱时间的控制要求	
215	4	1	6	5	烘烤蛋糕烤箱温度的控制要求	
216	4	1	6	6	烘烤蛋糕对蛋糕制品形态的要求	
217	4	1	6	7	烘烤成熟后蛋糕制品的放置要求	
	4	2			蛋糕制作技能实训内容	
	4	2	1		按海绵蛋糕和油脂蛋糕配方配料	
218	4	2	1	1	按海绵蛋糕配方选择原材料的方法	
219	4	2	1	2	按油脂蛋糕配方选择原材料的方法	
	4	2	2		用全蛋搅拌法搅拌海绵蛋糕面糊	
220	4	2	2	1	用全蛋搅拌法搅拌海绵蛋糕面糊	
	4	2	3		用油糖搅拌法搅拌油脂蛋糕面糊	
221	4	2	3	1	用油糖搅拌法搅拌油脂蛋糕面糊	
	4	2	4		海绵蛋糕生坯的制作	
222	4	2	4	1	用模具制作海绵蛋糕生坯	

职业（工种）名称				西式面点师	等级	五级
职业代码						
序号	鉴定点代码			鉴定点内容		备注
	章	节	目	点		

序号	章	节	目	点	鉴定点内容	备注
	4	2	5		油脂蛋糕生坯的制作	
223	4	2	5	1	用模具制作油脂蛋糕生坯	
	4	2	6		运用烤箱成熟海绵蛋糕	
224	4	2	6	1	海绵蛋糕成熟中烤箱温度与原料的关系	
	4	2	7		运用烤箱成熟油脂蛋糕	
225	4	2	7	1	油脂蛋糕成熟烤箱时间的设置要求	
	5				果冻的制作	
	5	1			果冻制作理论教学内容	
	5	1	1		凝固剂的种类、性能	
226	5	1	1	1	果冻的定义	
227	5	1	1	2	果冻的特性	
228	5	1	1	3	凝固剂的种类	
229	5	1	1	4	鱼胶的性能	
	5	1	2		凝固剂的使用方法	
230	5	1	2	1	明胶的使用方法	
	5	1	3		冰箱的使用方法	
231	5	1	3	1	果冻制作对冰箱温度设置的要求	
232	5	1	3	2	果冻制作中使用冰箱的注意事项	
	5	1	4		果冻成形的工艺方法和注意事项	
233	5	1	4	1	制作果冻的原料选择	
234	5	1	4	2	调制果冻的方法	
235	5	1	4	3	调制果冻的注意事项	
	5	1	5		调制果冻用水果的种类和选用方法	
236	5	1	5	1	调制果冻用水果的种类	
237	5	1	5	2	调制果冻用水果的选用方法	
	5	1	6		果冻装饰水果的切配	

序号	职业（工种）名称				西式面点师	等级	五级
	职业代码						
	鉴定点代码				鉴定点内容	备注	
	章	节	目	点			
238	5	1	6	1	果冻装饰水果的切配方法		
239	5	1	6	2	果冻装饰水果切配的质量要求		
	5	2			果冻制作技能实训内容		
	5	2	1		按果冻配方配料		
240	5	2	1	1	按果冻配方配料的原材料		
	5	2	2		煮制果冻液		
241	5	2	2	1	煮制果冻液的工艺方法		
242	5	2	2	2	煮制果冻液的注意事项		
	5	2	3		运用模具盛装果冻液		
243	5	2	3	1	盛装果冻液模具的种类		
244	5	2	3	2	盛装果冻液模具的卫生要求		
	5	2	4		用冰箱冷藏果冻液		
245	5	2	4	1	冰箱冷藏果冻液的温度要求		
246	5	2	4	2	冰箱冷藏果冻液的注意事项		
247	5	2	4	3	果冻定型后脱模的要求		
	5	2	5		切配水果		
248	5	2	5	1	果冻中添加水果的选择		
249	5	2	5	2	按果冻液装饰要求切配水果		
	5	2	6		用水果点缀装饰果冻		
250	5	2	6	1	用水果点缀装饰果冻的方法		

第3部分

理论知识复习题

西式面点师基础知识

一、判断题（将判断结果填入括号中。正确的填"√"，错误的填"×"）

1. 良好的职业道德，可以创造良好的经济效益，有力地保障个人的利益。　　　（　　）

2. 职业道德是人们在特定的社会活动中所应遵循的行为规范的总和。　　　（　　）

3. 职业道德覆盖面最广、影响力最大，对人的道德素质起决定性作用。　　　（　　）

4. 职业道德与社会生活关系密切，关系到社会稳定和和谐，对社会精神文明建设有促进作用。　　　（　　）

5. 加强社会主义职业道德建设，可以促进社会主义市场经济正常发展。　　　（　　）

6. 从业人员的职业道德包含爱岗敬业、忠于职守等方面。　　　（　　）

7. "干一行爱一行"是职业道德的最高要求。　　　（　　）

8. 职业道德是调节行业和企业内部人与人之间关系的基本规范。　　　（　　）

9. 积极进取、巧立名目、重视知识、追本逐利是职业人的职业道德。　　　（　　）

10. 西式面点是指主要来源于中国以外国家的点心。　　　（　　）

11. 西式面点制作不仅是烹饪的组成部分，而且是独立于西餐烹调之外的一种庞大的食品加工行业。　　　（　　）

12. 西式面点用料讲究，不同的点心品种，用料都有各自的选料标准。　　　（　　）

13. 现代西式面点的主要发源地是欧洲。　　　（　　）

14. 中国最早出现的西餐馆是在 19 世纪 50 年代，大多建立在上海。　　　（　　　）

15. 按加工工艺分类，西点分为蛋糕类、油酥类、清酥类、面包类、蒸制类等。（　　　）

16.《中华人民共和国食品安全法》自 2009 年 6 月 1 日起施行。　　　　　（　　　）

17.《中华人民共和国食品安全法》规定食品生产经营者应当依照法律、法规和食品卫生标准从事生产经营活动。　　　　　　　　　　　　　　　　　　　（　　　）

18. 食品生产经营人员每年必须进行健康检查，健康检查后可参加工作。　（　　　）

19. 食品生产经营人员患有病毒性肝炎的，不得参加所有食品的生产。　（　　　）

20. 保持手的清洁对食品从业人员尤为重要。　　　　　　　　　　　　（　　　）

21. 制作食品时个人用的擦手布要随时清洗，专人专用，以免交叉污染。（　　　）

22. 食品容器消毒实行"四过关"制度，即一洗二刷三冲四消毒。　　　（　　　）

23. 食用各种被有毒有害物质污染的食品后发生的急性疾病，称为食物中毒。（　　　）

24. 食物中毒有细菌性食物中毒和非细菌性食物中毒两大类。　　　　　（　　　）

25. 食物中的细菌在适宜生长繁殖的条件下大量生长繁殖，形成一定量的毒素，引起的食物中毒为细菌性食物中毒。　　　　　　　　　　　　　　　　　　　（　　　）

26. 细菌性食物中毒的特征之一是人与人之间直接传染。　　　　　　　（　　　）

27. 非细菌性食物中毒是指细菌性食物中毒以外的其他因素引起的食物中毒。（　　　）

28. 毒蕈中毒、四季豆中毒都属于非细菌性食物中毒。　　　　　　　　（　　　）

29. 营养是人体为了维持正常的生理免疫功能、满足人体生长发育等各方面的需要而摄取和利用食物的单一过程。　　　　　　　　　　　　　　　　　　　　（　　　）

30. 糖类是人体所必需的营养成分之一，自然界中分布着大量的单糖、双糖和多糖。

（　　　）

31. 糖类是人体最重要的能源物质，是最主要的供能物质，也是最昂贵的供能物质。

（　　　）

32. 脂类是脂肪和类脂的总称。动物脂肪在常温下一般为固态，习惯上称为脂。（　　　）

33. 人体所必需的脂肪酸，主要是靠膳食中的脂肪来提供的。　　　　　（　　　）

34. 蛋白质是一种化学结构非常复杂的有机化合物，它由碳、氢、氧、氮等元素组成。

（　　　）

35. 蛋白质是构成人体组织结构的重要成分，人体的各种骨骼组织都是由蛋白质组成的。 （　　）

36. 按照溶解性质不同，维生素可分为脂溶性维生素和水溶性维生素两大类。 （　　）

37. 维生素 C 能促进钠的吸收，维生素 D 能促进镁、磷的吸收。 （　　）

38. 人体中除碳、氢、氧、氮元素以有机化合物形式存在外，余下有益于机体健康的各种元素中，含量高的是无机盐。 （　　）

39. 钙、磷、镁是构成人体骨骼和牙齿的主要成分。 （　　）

40. 人体的体液随着年龄的增长而减少，成年人的体液约占体重的 60%。 （　　）

41. 面粉由小麦加工而成，是制作糕点、面包的主要原料。 （　　）

42. 小麦的硬度相差很大，以硬度为标准可分为特硬小麦、硬麦、半硬麦及软麦四种。 （　　）

43. 硬麦通常为强力小麦，其面粉大量用于制造面包。 （　　）

44. 软麦通常为强度较弱的薄力小麦，适用于磨制饼干面粉。 （　　）

45. 全麦粉是用石磨磨成的麦粉，不易把麦芽及麦皮除去，故得 80% 全麦粉。 （　　）

46. 在面点制作中，面粉通常按蛋白质含量多少来分类，一般分为全麦面粉、标准面粉和富强面粉。 （　　）

47. 高筋面粉又称强筋面粉，其蛋白质和面筋含量高，湿面筋含量在 35% 以上。 （　　）

48. 中筋面粉蛋白质含量为 9%～11%，湿面筋含量在 25%～35% 之间。 （　　）

49. 低筋面粉又称弱筋面粉，其蛋白质含量和面筋含量低，湿面筋含量在 20% 以下。 （　　）

50. 面粉中的淀粉不溶于冷水，但能与热水结合。 （　　）

51. 在发酵面团中，淀粉在蛋白酶和脂肪酶的作用下可转化为糖类，给酵母提供营养素进行发酵。 （　　）

52. 面粉中的蛋白质种类很多，其中麦胶蛋白和麦谷蛋白在常温水的作用下，经过物理搅拌，能形成面筋质。 （　　）

53. 当水温在 30～40℃ 时，面粉中的蛋白质开始变性，面团逐渐凝固，筋力下降，面团的弹性和延伸性减弱。 （　　）

54. 西点制作中常用的油脂有天然黄油、人造黄油、起酥油、植物油等。   （   ）

55. 黄油又称"奶油"，是从牛乳中分离加工出来的一种比较纯净的脂肪。   （   ）

56. 奶油的含脂率在60%以上。   （   ）

57. 人造奶油是以天然黄油为主要原料，添加适量的牛乳或乳制品、香料、乳化剂等，经混合、乳化等工序而制成的。   （   ）

58. 人造奶油的乳化性、熔点、软硬度等可根据各种成分配比来调控。   （   ）

59. 起酥油是指未提炼的动植物油脂、氢化油或这些油脂的混合物。   （   ）

60. 起酥油一般不直接食用，是制作食品的原料油脂。   （   ）

61. 植物油中主要含有饱和脂肪酸，常温下为液体。   （   ）

62. 目前西点制作中常用的植物油有花生油、色拉油等。   （   ）

63. 植物油一般多用于油炸类产品和一些面包类产品的生产。   （   ）

64. 油脂能使西点产品保持柔软，加速淀粉老化，缩短点心的保存期。   （   ）

65. 油脂能增加营养，补充体内无机盐，增进食欲。   （   ）

66. 食用油脂保管不当时，最容易产生油脂沉淀现象。   （   ）

67. 糖在西点中用量很大，常用的糖及其制品有白砂糖、糖浆、蜂蜜、饴糖、糖粉等。

（   ）

68. 白砂糖是西点中广泛使用的糖，是从玉米淀粉中提取糖汁后加工而成的。   （   ）

69. 白砂糖为白色粒状晶体，纯度高，蔗糖含量在99%以上。   （   ）

70. 蜂蜜是花蕊中的蔗糖经蜜蜂唾液中的蚁酸水解而成，主要成分为转化糖，含大量果糖和葡萄糖。   （   ）

71. 蜂蜜为浑浊或半透明的黏稠体，带有芳香味，在西点制作中一般用于特色产品的制作。   （   ）

72. 葡萄糖又称淀粉糖浆、化学稀，它通常是由玉米淀粉加酸或酶水解，经脱色、浓缩制成，为黏稠液体。   （   ）

73. 加入葡萄糖浆能加速蔗糖的结晶返砂，从而不利于制品的成形。   （   ）

74. 糖粉是白砂糖的再制品，为纯白色粉状物，在西点制作中可替代白砂糖使用。

（   ）

75. 糖类原料具有乳化性、起泡性和结晶性。 （　　）

76. 糖能增加制品的甜味，提高营养价值。 （　　）

77. 白砂糖应保存在干燥、通风、无异味的环境中。 （　　）

78. 在西点制作中运用最多的蛋品是鲜鸡蛋。 （　　）

79. 蛋的起泡性是指蛋黄中卵磷脂具有亲油性和亲水性的双重性质。 （　　）

80. 蛋品能改善制品表面的色泽，使制品表面产生光亮的金黄色或黄褐色。 （　　）

81. 鉴别蛋新鲜程度的方法一般有感观法、振荡法、品尝法、光照法。 （　　）

82. 根据热源的来源不同，烤箱一般有电烤箱和燃气烤箱两类。 （　　）

83. 烤炉是通过电源或气源产生热，经过炉内空气和金属传递热量，使制品成熟。

（　　）

84. 使用烤炉前应详细阅读使用说明书，避免因使用不当发生事故。 （　　）

85. 微波炉是利用微波对物料的里外同时进行加热的。 （　　）

86. 油炸锅是专门制作油炸制品的设备。 （　　）

87. 面包面团搅拌机一般有桌面小型搅拌机和多用途粉碎机两类。 （　　）

88. 压面机的功能是将揉制好的面团通过压辊之间的间隙，压成立方体以便进一步加工。 （　　）

89. 切片机是对清酥类制品进行切片成形的机械设备，也可根据需要对油脂蛋糕进行切片操作。 （　　）

90. 面包成形机有面团滚圆机、面团搓条机及吐司整形机等种类。 （　　）

91. 醒发箱是靠电热将水槽内的水加热，产生热量及水汽。 （　　）

92. 电冰箱应放置在空气流通处，四周留有 40～50 cm 以上的空隙，以便通风降温。

（　　）

93. 西点制作中常用的刀具有抹刀、刨刀、刮刀、刻刀等。 （　　）

94. 混酥面坯切割可以使用滚刀对面坯进行切片、切条，使面坯具有曲形花边，起到美化作用。 （　　）

95. 西式面点所用的模具种类繁多，有烘烤用模具、甜品模具、巧克力模具及刻压模具等。 （　　）

96. 使用金属工具、模具后，要及时清理，并及时擦干，以免生锈。　　　（　　　）

97. 各种擀面用具多是用金属材料制成，圆而光滑。　　　　　　　　　（　　　）

98. 所有成形工具应存放于固定处，并用专用工具箱或工具盒保存。　　（　　　）

99. 要注意保持烤箱的清洁，清洗时不宜用水，以防触电。　　　　　　（　　　）

100. 一般情况下，要按照搅拌机械设备规定要求投料。如需超负荷运行，必须减慢速度搅打原料。　　　　　　　　　　　　　　　　　　　　　　　　　（　　　）

101. 冷藏柜要放置在通风、远离热源和阳光可以照到的地方。　　　　　（　　　）

102. 大理石案台台面较轻，因此其底架要求特别轻巧、稳固，撑重能力弱。（　　　）

103. 对西点操作工具、用具的要求是：一洗、二冲、三消毒。　　　　　（　　　）

104. 广义的成本是指企业为生产各种产品而支出的各项耗费之和。　　　（　　　）

105. 单位成本是指每个菜点单位所具有的成本。　　　　　　　　　　　（　　　）

106. 总成本是指单位成本的总和，或某种、某类、某批或全部菜点在某核算期间的成本之和。　　　　　　　　　　　　　　　　　　　　　　　　　　　（　　　）

107. 精确地计算各个单位产品的成本，可以为合理确定产品销售价格打基础。（　　　）

108. 成本核算能促进企业改善经营管理。　　　　　　　　　　　　　　（　　　）

109. 餐饮成本核算经常采用"以耗计存"倒求成本的方法。　　　　　　（　　　）

110. "黄油"的英文单词是"butter"。　　　　　　　　　　　　　　　（　　　）

111. "植物油"的英文单词是"salad oil"。　　　　　　　　　　　　　（　　　）

112. "杏仁"的英文单词是"almond"。　　　　　　　　　　　　　　　（　　　）

二、单项选择题（选择一个正确的答案，将相应的字母填入题内的括号中）

1. 职业道德是人们在特定的（　　　）活动中所应遵循的行为规范的总和。

　　A. 职业　　　　　　B. 娱乐　　　　　　C. 家庭　　　　　　D. 社会

2. 职业道德是人们在特定的社会活动中所应遵循的（　　　）的总和。

　　A. 行为规范　　　　B. 法律准则　　　　C. 行为艺术　　　　D. 动作规范

3. （　　　）覆盖面最广、影响力最大，对人的道德素质起决定性作用。

　　A. 社会伦理　　　　B. 职业道德　　　　C. 个人道德　　　　D. 学生守则

4. 职业道德与（　　　）生活关系最密切，关系到社会稳定与和谐，对精神文明建设有极大的促进作用。

  A. 组织   B. 个人   C. 社会   D. 家庭

 5. 职业道德关系到社会稳定与和谐，对精神文明建设有极大的（ ）作用。

  A. 跨越   B. 阻碍   C. 促进   D. 缓冲

 6. 加强社会主义职业道德建设，可以促进社会主义（ ）正常发展。

  A. 垄断经济 B. 自由经济 C. 计划经济 D. 市场经济

 7. 良好的职业道德可以创造良好的（ ），有力地保障个人的合法利益。

  A. 经济效益 B. 经济基础 C. 经济权力 D. 经济结构

 8. 忠于职守就是要把自己职责范围内的事做好，合乎（ ）和规范要求。

  A. 自己爱好 B. 质量标准 C. 领导喜好 D. 顾客需要

 9. "干一行爱一行"，这是（ ）最起码的要求。

  A. 社会伦理 B. 个人职业 C. 职业道德 D. 寻找工作

 10. 行业从业人员要不断积累知识，（ ），适应原料、工艺、技术不断更新发展的需要。

  A. 更新知识 B. 拜师学艺 C. 保持技能 D. 固守知识

 11. 行业从业人员要不断积累知识，更新知识，适应新原料、（ ）、新技术不断更新发展的需要。

  A. 新工艺   B. 新说法   C. 新制度   D. 新标准

 12. 西式面点是以（ ）、油脂、鸡蛋和乳品为主要原料制成的，具有一定色、香、味、形的营养食品。

  A. 奶油、色素 B. 面粉、糖 C. 水、鸭蛋 D. 水果、巧克力

 13. 西式面点制作不仅是烹饪的组成部分，而且是独立于西餐烹调之外的一种庞大的（ ）行业。

  A. 饮料制作 B. 原料制作 C. 食品加工 D. 餐饮服务

 14. 一道完美的西点，应具有丰富的营养价值、（ ）和合适的口味。

  A. 粗略的造型 B. 简朴的造型 C. 华丽的造型 D. 完美的造型

 15. 西点制作在（ ）、意大利等国家已有相当长的历史，并在发展中取得了显著的

成就。

    A. 英国、法国   B. 日本、韩国   C. 美国、希腊   D. 印度、巴西

16. 西点制作在英国、法国、意大利等国家已有（   ）的历史，并在发展中取得了显著的成就。

    A. 相当长   B. 短暂的   C. 数十年   D. 较短的

17. 中国最早出现西餐馆在19世纪50年代，大多建立在（   ）。

    A. 上海   B. 南京   C. 沈阳   D. 汉口

18. 中国最早出现西餐馆在（   ），大多建立在上海。

    A. 19世纪50年代   B. 19世纪20年代

    C. 20世纪初   D. 18世纪50年代

19. 按加工工艺分类，西点分为蛋糕类、（   ）、清酥类、面包类、泡芙类等。

    A. 油酥类   B. 混酥类   C. 蒸制类   D. 粉糕类

20. 《中华人民共和国食品安全法》自（   ）起施行。

    A. 2010年6月1日   B. 2009年6月1日

    C. 2010年2月28日   D. 2009年2月28日

21. 《中华人民共和国食品安全法》规定食品生产经营者应当依照法律、法规和食品（   ）从事生产经营活动。

    A. 行业标准   B. 卫生标准   C. 安全标准   D. 检测标准

22. 《中华人民共和国食品安全法》规定食品生产经营者应当依照（   ）和食品安全标准从事生产经营活动。

    A. 自律、自觉   B. 规定、纪律   C. 法律、法规   D. 习惯、传统

23. 食品生产经营人员（   ）必须进行健康检查，取得健康证后方可参加工作。

    A. 每半年   B. 每两年   C. 每三年   D. 每年

24. 食品生产经营人员每年必须进行健康检查，（   ）方可参加工作。

    A. 取得健康证前   B. 健康咨询后

    C. 健康检查后   D. 取得健康证后

25. 食品生产经营人员患有（   ）的，不得从事接触直接入口食品的工作。

A. 病毒性肝炎　　　　B. 糖尿病　　　　　C. 高血压　　　　　D. 脂肪肝

26. 食品生产经营人员患有病毒性肝炎的，不得从事接触（　　）食品的工作。

    A. 直接入口　　　　B. 所有　　　　　　C. 烘烤类　　　　　D. 初加工

27. 保持（　　）的清洁对食品从业人员尤为重要。

    A. 耳　　　　　　　B. 手　　　　　　　C. 脚　　　　　　　D. 眼

28. 进入食品专间操作时，工作人员应戴（　　）。

    A. 耳套　　　　　　B. 帽子　　　　　　C. 口罩　　　　　　D. 眼镜

29. 进行食品操作时工作人员不能戴（　　）、手镯、手表，更不能涂指甲油。

    A. 帽子　　　　　　B. 手套　　　　　　C. 戒指　　　　　　D. 头套

30. 食品容器消毒实行"（　　）"制度，即一洗二刷三冲四消毒。

    A. 一贯制　　　　　B. 三过关　　　　　C. 过程式　　　　　D. 四过关

31. 食品容器消毒实行"四过关"制度，即一洗二刷三冲（　　）。

    A. 四擦干　　　　　B. 四烘干　　　　　C. 四晾干　　　　　D. 四消毒

32. 食用各种被有毒有害物质污染的食品后发生的（　　），称为食物中毒。

    A. 急性疾病　　　　B. 慢性疾病　　　　C. 慢性症状　　　　D. 急性现象

33. 食物中毒有（　　）食物中毒和非细菌性食物中毒两大类。

    A. 物理性　　　　　B. 细菌性　　　　　C. 化学性　　　　　D. 结构性

34. 食物中毒有细菌性食物中毒和（　　）食物中毒两大类。

    A. 物理性　　　　　B. 非细菌性　　　　C. 化学性　　　　　D. 结构性

35. 食物中的细菌在（　　）繁殖条件下大量生长繁殖，形成一定量的毒素，引起的食物中毒为细菌性食物中毒。

    A. 高温状态　　　　B. 碱性状态　　　　C. 适宜生长　　　　D. 低温状态

36. 食物中的细菌在适宜生长繁殖条件下大量生长繁殖，形成一定量的毒素，引起的（　　）为细菌性食物中毒。

    A. 食物变形　　　　B. 食物变色　　　　C. 食物中毒　　　　D. 食物变味

37. 细菌性食物中毒的特征之一是人与人之间（　　）传染。

    A. 会　　　　　　　B. 不会　　　　　　C. 直接　　　　　　D. 间接

38. 细菌性食物中毒的特征之一是潜伏期短，（　　）可能有大量病人同时发病。

    A. 不定长时期内　　　　　　　　B. 一定时期内

    C. 长时间内　　　　　　　　　　D. 短时间内

39. 非细菌性食物中毒是指（　　）食物中毒以外的其他因素引起的食物中毒。

    A. 细菌性　　　　B. 药物性　　　　C. 微生物　　　　D. 细胞性

40. 河豚鱼的血液、内脏、卵巢等组织内含有大量毒素，（　　），肌肉处多数无毒。

    A. 毒性最弱　　　B. 毒性最强　　　C. 基本无毒　　　D. 有时有毒

41. 河豚鱼的血液、内脏、卵巢等组织内含有大量毒素，毒性最强，肌肉处（　　）。

    A. 没有毒素　　　B. 多数无毒　　　C. 毒素很强　　　D. 大都含毒

42. 糖类、脂类、蛋白质、维生素、（　　）和水是人体所必需的营养素。

    A. 猪肉　　　　　B. 鸡蛋　　　　　C. 无机盐　　　　D. 砂糖

43. 人体所需的营养物质来自食物，人们必须从食物中合理选取各种营养素，以确立（　　）。

    A. 营养饱和　　　B. 营养过剩　　　C. 营养平衡　　　D. 营养减少

44. 糖类由（　　）、氢、氧三种元素构成，也称为"碳水化合物"。

    A. 氪　　　　　　B. 氦　　　　　　C. 氮　　　　　　D. 碳

45. 糖类由碳、氢、氧三种元素构成，也称为"（　　）"。

    A. 钙水化合物　　B. 无机化合物　　C. 有机化合物　　D. 碳水化合物

46. 糖类具有保护（　　）功能，具有润肠、解毒的作用。

    A. 肝脏　　　　　B. 心脏　　　　　C. 肺　　　　　　D. 胰腺

47. 食物纤维是那些不为人体消化道所消化、吸收、分解的（　　）物质，如纤维素、果胶等。

    A. 多糖类　　　　B. 单糖类　　　　C. 双糖类　　　　D. 三糖类

48. 脂肪水解后生产甘油和脂肪酸，脂肪酸分为饱和脂肪酸和（　　）。

    A. 氧化脂肪酸　　　　　　　　　　B. 不饱和脂肪酸

    C. 氢化脂肪酸　　　　　　　　　　D. 超饱和脂肪酸

49. 脂肪是脂溶性维生素的良好溶剂，脂溶性维生素可随脂肪的吸收（　　）被吸收。

A. 逐渐　　　　　B. 随后　　　　　C. 同时　　　　　D. 提前

50. 脂肪是脂溶性维生素的（　　），脂溶性维生素可随脂肪的吸收同时被吸收。

A. 良好溶质　　　B. 良好稀释剂　　C. 良好溶剂　　　D. 良好增稠剂

51. 氨基酸是蛋白质的组成单位，有20多种，其中（　　）人体不能自行合成，为必需氨基酸。

A. 瓜氨酸　　　　B. 甘氨酸　　　　C. 谷氨酸　　　　D. 赖氨酸

52. 必需氨基酸是指不能在体内合成或合成速度极慢，不能满足机体需要，必须由（　　）供给的氨基酸。

A. 食物纤维　　　B. 食物矿物质　　C. 食物脂肪　　　D. 水

53. 当膳食中糖类、脂肪这两种物质摄入量不能满足机体需要时，蛋白质可以作为（　　）为机体提供需要。

A. 热源物质　　　B. 补充物质　　　C. 氮源物质　　　D. 冷源物质

54. 维生素A、（　　）、维生素E和维生素K属于脂溶性维生素。

A. 维生素B　　　B. 维生素D　　　C. 维生素C　　　D. 烟酸

55. 水溶性维生素主要有抗坏血酸、叶酸、泛酸和（　　）等。

A. 视黄醇　　　　B. 核黄素　　　　C. 钙化醇　　　　D. 生育酚

56. 维生素C广泛存在于新鲜的蔬果中，尤其是绿叶菜、（　　）中含量很丰富。

A. 中性水果　　　B. 碱性水果　　　C. 酸性水果　　　D. 油性水果

57. 维生素C广泛存在于新鲜的蔬果中，但（　　）、干豆类不含维生素C。

A. 樱桃　　　　　B. 草莓　　　　　C. 谷类　　　　　D. 橘子

58. 人体内含量较多的元素有镁、（　　）、钾、钠等。

A. 铁　　　　　　B. 碘　　　　　　C. 铜　　　　　　D. 钙

59. 人体内含量较少的元素有铁、铜、（　　）、锌等。

A. 镁　　　　　　B. 钾　　　　　　C. 钙　　　　　　D. 碘

60. 体内无机盐的（　　）至关重要，缺少或过多均可引起代谢机制的紊乱，导致各种生理性病变和功能性病变。

A. 相对平衡　　　B. 绝对平衡　　　C. 相对不平衡　　　D. 不平衡

61. 体内无机盐的相对平衡至关重要，缺少或过多均可引起代谢机制的紊乱，导致各种生理性病变和（　　）。

　　A. 功能性病变　　　B. 功能性改变　　　C. 气息性病变　　　D. 器械性改变

62. 正常成年人每天平均摄水量为（　　）mL左右。

　　A. 1 000　　　　　B. 2 500　　　　　C. 3 500　　　　　D. 5 000

63. 水可以调节人体的（　　）。

　　A. 肿胀　　　　　B. 体温　　　　　C. 身高　　　　　D. 情绪

64. 面粉由（　　）加工而成，是制作糕点、面包的主要原料。

　　A. 小麦　　　　　B. 大麦　　　　　C. 燕麦　　　　　D. 荞麦

65. 面粉由小麦加工而成，是制作糕点、（　　）的主要原料。

　　A. 面包　　　　　B. 西餐　　　　　C. 白酒　　　　　D. 中餐

66. 小麦的硬度（　　）由其所含水分来决定。

　　A. 完全　　　　　B. 不完全　　　　　C. 大部分　　　　　D. 基本

67. 小麦的硬度与强度成正比，故硬度高的小麦比硬度低的小麦（　　）。

　　A. 更为难用　　　B. 更为通用　　　C. 更为少用　　　D. 极少通用

68. 硬麦通常为强力小麦，故其面粉大量用于制造（　　）。

　　A. 饼干　　　　　B. 蛋糕　　　　　C. 面包　　　　　D. 泡芙

69. 硬麦通常为（　　）小麦，故其面粉大量用于制造面包。

　　A. 厚力　　　　　B. 薄力　　　　　C. 强力　　　　　D. 弱力

70. 软麦通常指强度较弱的薄力小麦，适用于磨制（　　）面粉。

　　A. 面条　　　　　B. 全麦　　　　　C. 面包　　　　　D. 饼干

71. 软麦通常为强度较弱的（　　）小麦，适用于磨制饼干面粉。

　　A. 无力　　　　　B. 低力　　　　　C. 弱力　　　　　D. 薄力

72. 全麦粉是用石磨磨成的麦粉，不易把（　　）除去，故得100%全麦粉。

　　A. 麦芽及麦皮　　B. 胚乳及胚根　　C. 胚芽及种皮　　D. 麦乳及麦根

73. 全麦粉是用石磨磨成的麦粉，不易把麦芽及麦皮除去，故得（　　）全麦粉。

　　A. 100%　　　　　B. 90%　　　　　C. 80%　　　　　D. 70%

74. 在面点制作中，面粉通常按蛋白质含量多少来分类，一般分为（　　）、中筋面粉、低筋面粉。

    A. 全麦面粉　　　　B. 高筋面粉　　　　C. 标准面粉　　　　D. 富强面粉

75. 在面点制作中，面粉通常按（　　）含量多少来分类，一般分为高筋面粉、中筋面粉、低筋面粉。

    A. 脂肪　　　　　　B. 蛋白质　　　　　C. 维生素　　　　　D. 淀粉

76. 高筋面粉又称强筋面粉，其蛋白质和面筋含量高，湿面筋值在（　　）以上。

    A. 15%　　　　　　B. 25%　　　　　　C. 35%　　　　　　D. 45%

77. 高筋面粉又称（　　），其蛋白质和面筋含量高，湿面筋值在35%以上。

    A. 富强面粉　　　　B. 标准面粉　　　　C. 强筋面粉　　　　D. 全麦面粉

78. 中筋面粉蛋白质含量为9%～11%，湿面筋值在（　　）之间。

    A. 10%～20%　　　B. 15%～25%　　　C. 20%～30%　　　D. 25%～35%

79. 中筋面粉（　　）含量为9%～11%，湿面筋值在25%～35%之间。

    A. 淀粉　　　　　　B. 维生素　　　　　C. 脂肪　　　　　　D. 蛋白质

80. 低筋面粉又称弱筋面粉，其蛋白质含量和面筋含量低，湿面筋值在（　　）以下。

    A. 25%　　　　　　B. 20%　　　　　　C. 15%　　　　　　D. 10%

81. 低筋面粉又称（　　），其蛋白质含量和面筋含量低，湿面筋值在25%以下。

    A. 弱筋面粉　　　　B. 富强面粉　　　　C. 标准面粉　　　　D. 全麦面粉

82. 面粉中的淀粉不溶于（　　），但能与热水结合。

    A. 热水　　　　　　B. 冷水　　　　　　C. 温水　　　　　　D. 开水

83. 面粉中的淀粉不溶于冷水，但能与热水（　　）。

    A. 糊化　　　　　　B. 结合　　　　　　C. 焦化　　　　　　D. 溶化

84. 在发酵面团中，淀粉在（　　）和糖化酶的作用下可转化为糖类，给酵母提供营养素进行发酵。

    A. 脂肪酶　　　　　B. 蛋白酶　　　　　C. 淀粉酶　　　　　D. 氧化酶

85. 在发酵面团中，淀粉在淀粉酶和糖化酶的作用下可转化为（　　），给酵母提供营养素进行发酵。

A. 灰分 　　　　B. 糊精 　　　　C. 糖类 　　　　D. 蛋白质

86. 面粉中的蛋白质种类很多，其中（　　）和麦谷蛋白在常温水的作用下，经过物理搅拌，能形成面筋质。

　　A. 酶蛋白 　　　B. 麦球蛋白 　　　C. 麦清蛋白 　　　D. 麦胶蛋白

87. 面粉中的蛋白质种类很多，其中麦胶蛋白和麦谷蛋白在常温水的作用下，经过物理搅拌，能形成（　　）。

　　A. 糊化 　　　　B. 蛋白质 　　　C. 淀粉质 　　　　D. 面筋质

88. 当水温在（　　）时，面粉中的蛋白质开始变性，面团逐渐凝固，筋力下降，面团的弹性和延伸性减弱。

　　A. 60～70℃ 　　B. 50～60℃ 　　C. 40～50℃ 　　D. 30～40℃

89. 当水温在 60～70℃时，面粉中的蛋白质开始变性，面团逐渐凝固，筋力下降，面团的弹性和（　　）减弱。

　　A. 延伸性 　　　B. 发泡性 　　　C. 疏水性 　　　D. 游离性

90. 面包、西点制作中常用的油脂有（　　）、人造黄油、起酥油、植物油等。

　　A. 天然奶酪 　　B. 天然黄油 　　C. 天然淡奶 　　D. 纯正猪油

91. 面包、西点制作中常用的油脂有天然黄油、人造黄油、（　　）、植物油等。

　　A. 奶酪 　　　　B. 起酥油 　　　C. 淡奶油 　　　D. 猪油

92. 黄油又称乳脂，是从牛乳中分离加工出来的一种比较（　　）的脂肪。

　　A. 浑浊 　　　　B. 纯净 　　　　C. 洁白 　　　　D. 单纯

93. 黄油又称（　　），是从牛乳中分离加工出来的一种比较纯净的脂肪。

　　A. 牛油 　　　　B. 乳脂 　　　　C. 起酥油 　　　D. 奶酪

94. 奶油的含脂率在（　　）以上。

　　A. 60% 　　　　B. 70% 　　　　C. 80% 　　　　D. 90%

95. 奶油的（　　）在 80%以上。

　　A. 含油率 　　　B. 含水率 　　　C. 含脂率 　　　D. 含乳率

96. 人造奶油是以（　　）为主要原料，添加适量的牛乳或乳制品、香料、乳化剂等，经混合、乳化等工序而制成的。

A. 牛油　　　　B. 猪油　　　　C. 天然黄油　　　D. 氢化油

97. 人造奶油是以氢化油为主要原料，添加适量的牛乳或乳制品、香料、乳化剂等，经（　　）等工序而制成的。

A. 混合、焦化　　B. 搅拌、提炼　　C. 提炼、焦化　　D. 混合、乳化

98. 人造奶油的（　　）、熔点、软硬度等可根据各种成分配比来调控。

A. 乳化性　　　B. 酥松性　　　C. 易溶性　　　D. 结晶性

99. 人造奶油的乳化性、熔点、（　　）等可根据成分配比来调控。

A. 软硬度　　　B. 酥松性　　　C. 易溶性　　　D. 结晶性

100. 起酥油是指精炼的动、植物油脂、氢化油或这些油脂的（　　）。

A. 提炼物　　　B. 混合物　　　C. 合成物　　　D. 分解物

101. 起酥油是指（　　）的动、植物油脂、氢化油或这些油脂的混合物。

A. 粗炼　　　　B. 精炼　　　　C. 初加工　　　D. 原始

102. 起酥油一般不直接食用，是制作食品的（　　）油脂。

A. 成品　　　　B. 植物　　　　C. 唯一　　　　D. 原料

103. 起酥油一般（　　）食用，是制作食品的原料油脂。

A. 直接　　　　B. 不直接　　　C. 不能　　　　D. 能

104. 植物油中主要含有（　　），常温下为液体。

A. 不饱和脂肪酸　　　　　　　B. 饱和脂肪酸
C. 不饱和脂肪　　　　　　　　D. 饱和脂肪

105. 植物油中主要含有不饱和脂肪酸，常温下为（　　）。

A. 液体　　　　B. 固体　　　　C. 半固体　　　D. 浑浊液

106. 西点制作中常用的植物油有（　　）、色拉油等。

A. 芝麻油　　　B. 花生油　　　C. 棕榈油　　　D. 橄榄油

107. 西点制作中常用的植物油有花生油、（　　）等。

A. 芝麻油　　　B. 色拉油　　　C. 棕榈油　　　D. 橄榄油

108. 植物油一般多用于（　　）类产品和一些面包类产品的生产。

A. 混酥　　　　B. 油炸　　　　C. 清酥　　　　D. 甜品

109. 植物油一般多用于油炸类产品和一些（　　）类产品的生产。

    A. 混酥　　　　　B. 面包　　　　　C. 清酥　　　　　D. 甜品

110. 油脂能保持西点制品组织的柔软，（　　）淀粉老化时间，延长点心的保存期。

    A. 加速　　　　　B. 提前　　　　　C. 延缓　　　　　D. 促进

111. 油脂能保持西点产品组织的柔软，延缓淀粉老化时间，（　　）点心的保存期。

    A. 缩短　　　　　B. 推迟　　　　　C. 延长　　　　　D. 延迟

112. 油脂能（　　）营养，补充人体热能，增进食品风味。

    A. 延缓　　　　　B. 改变　　　　　C. 降低　　　　　D. 增加

113. 油脂能增加营养，补充人体的（　　），增进食品风味。

    A. 维生素　　　　B. 蛋白质　　　　C. 水分　　　　　D. 热能

114. 食用油脂在（　　）不当的时，品质非常容易发生变化，其中最常见的是油脂酸败现象。

    A. 制造　　　　　B. 食用　　　　　C. 调制　　　　　D. 保管

115. 食用油脂在保管不当的时，品质非常容易发生变化，其中最常见的是油脂（　　）现象。

    A. 沉淀　　　　　B. 浑浊　　　　　C. 结块　　　　　D. 酸败

116. 根据原料加工程度的不同，西点常用的食糖有（　　）、绵白糖、红糖等。

    A. 白砂糖　　　　B. 葡萄糖　　　　C. 蜂蜜　　　　　D. 麦芽糖

117. 根据原料加工程度的不同，西点常用的食糖有白砂糖、（　　）、红糖等。

    A. 绵白糖　　　　B. 葡萄糖　　　　C. 蜂蜜　　　　　D. 麦芽糖

118. 白砂糖是西点中广泛使用的糖，是从（　　）或甜菜中提取糖汁后加工而成的。

    A. 甘蔗　　　　　B. 玉米　　　　　C. 谷物　　　　　D. 蜂蜜

119. 白砂糖是西点中广泛使用的糖，是从甘蔗或（　　）中提取糖汁后加工而成的。

    A. 甜菜　　　　　B. 玉米　　　　　C. 谷物　　　　　D. 蜂蜜

120. 白砂糖为白色（　　）晶体，纯度高，蔗糖含量在99％以上。

    A. 块状　　　　　B. 粒状　　　　　C. 砂状　　　　　D. 粉状

121. 白砂糖为白色粒状晶体，纯度高，蔗糖含量在（　　）以上。

A. 80％   B. 99％   C. 88％   D. 78％

122. 蜂蜜是由花蕊的蔗糖经蜜蜂唾液中的蚁酸水解而成，主要成分为（   ），含大量果糖和葡萄糖。

     A. 酿制糖   B. 结晶糖   C. 转化糖   D. 配制糖

123. 蜂蜜是由花蕊的蔗糖经蜜蜂唾液中的蚁酸水解而成，主要成分为转化糖，含大量（   ）和葡萄糖。

     A. 饴糖   B. 乳糖   C. 果糖   D. 多糖

124. 蜂蜜为（   ）或半透明的黏稠体，带有芳香味，在西点中一般用于特色制品制作。

     A. 浑浊   B. 透明   C. 混浊   D. 乳白

125. 蜂蜜为透明或（   ）的黏稠体，带有芳香味，在西点中一般用于特色制品制作。

     A. 浑浊   B. 半透明   C. 混浊   D. 乳白

126. 葡萄糖又称淀粉糖浆、化学稀，它通常用玉米淀粉加酸或酶水解，经脱色、浓缩而制成的（   ）。

     A. 稀薄液体   B. 坚硬固体   C. 黏稠液体   D. 晶粒固体

127. 葡萄糖又称淀粉糖浆、化学稀，它通常用玉米淀粉加（   ）水解，经脱色、浓缩而制成的黏稠液体。

     A. 碱或酶   B. 醋或酶   C. 酸或酶   D. 酸或盐

128. 加入葡萄糖浆能（   ）蔗糖的结晶返砂，从而有利于制品的成形。

     A. 防止   B. 加速   C. 延缓   D. 促使

129. 加入葡萄糖浆能防止蔗糖的（   ），从而有利于制品的成形。

     A. 结晶返砂   B. 凝固成块   C. 快速溶解   D. 焦化变黑

130. 糖粉是白砂糖的（   ），为纯白色粉状物，在西点制作中可替代白砂糖使用。

     A. 酶制品   B. 再制品   C. 浓缩品   D. 稀释品

131. 糖粉是白砂糖的再制品，为纯白色（   ），在西点制作中可替代白砂糖使用。

     A. 晶粒物   B. 粉状物   C. 颗粒物   D. 稀稠物

132. 糖的结晶性是指糖在浓度高的糖水溶液中，已经溶化的糖分子又会（   ）的特性。

  A. 重新风化 B. 重新凝固 C. 重新结晶 D. 不再结晶

133. 糖的（　　）是指糖在浓度高的糖水溶液中，已经溶化的糖分子又会重新结晶的特性。

  A. 氧化性 B. 易溶性 C. 结晶性 D. 渗透性

134. 糖能调节（　　），控制面团的性质。

  A. 吸湿率 B. 淀粉糊化 C. 吸水率 D. 面筋筋力

135. 糖可作为发酵面团中酵母的营养物，含糖量的多少，对面团（　　）有影响。

  A. 吸湿率 B. 淀粉糊化 C. 吸水率 D. 发酵速度

136. 白砂糖应保存在干燥、通风、（　　）的环境中。

  A. 无温差 B. 无异味 C. 无湿度 D. 无潮气

137. 白砂糖应保存在干燥、（　　）、无异味的环境中。

  A. 密封 B. 通风 C. 自然 D. 恒温

138. 在西点制作中运用最多的蛋品是（　　）。

  A. 冰鸡蛋 B. 鲜鸭蛋 C. 鲜鸡蛋 D. 冰鸭蛋

139. 蛋的（　　）是指蛋黄中卵磷脂具有亲油性和亲水性的双重性质。

  A. 起泡性 B. 黏结性 C. 结晶性 D. 乳化性

140. 蛋的乳化性是指蛋黄中（　　）具有亲油性和亲水性的双重性质。

  A. 脂肪 B. 维生素 C. 油脂 D. 卵磷脂

141. 蛋品能改善制品表皮色泽，产生光亮的（　　）或黄褐色。

  A. 金红色 B. 粉红色 C. 金黄色 D. 土黄色

142. 蛋品能改善制品表皮色泽，产生光亮的金黄色或（　　）。

  A. 金色 B. 粉红色 C. 黄褐色 D. 土黄色

143. 鉴别蛋的新鲜程度的方法有（　　）、振荡法、比重法、光照法。

  A. 品尝法 B. 称重法 C. 熟制法 D. 感观法

144. 鉴别蛋的新鲜程度的方法有感观法、（　　）、比重法、光照法。

  A. 品尝法 B. 称重法 C. 熟制法 D. 振荡法

145. 根据热源不同，烤炉一般有（　　）和燃气烤炉两类。

　　A. 转炉　　　　　B. 平炉　　　　　C. 隧道炉　　　　D. 电烤炉

146. 根据热源不同，烤炉一般有电烤炉和（　　）两类。

　　A. 转炉　　　　　B. 平炉　　　　　C. 隧道炉　　　　D. 燃气烤炉

147. 烤炉是电源或气源产生的热能，通过炉内的（　　）和金属传递热，使制品成熟。

　　A. 空气　　　　　B. 氧气　　　　　C. 二氧化碳　　　　D. 氮气

148. 烤炉是电源或气源产生的热能，通过炉内的空气和（　　）传递热，使制品成熟。

　　A. 金属　　　　　B. 氧气　　　　　C. 二氧化碳　　　　D. 氮气

149. （　　）使用烤炉前应详细阅读使用说明书，避免因使用不当发生事故。

　　A. 每次　　　　　B. 初次　　　　　C. 烘烤前　　　　D. 烘烤后

150. 初次使用烤炉前应详细阅读使用说明书，避免因（　　）发生事故。

　　A. 温度过高　　　B. 使用不当　　　C. 温度过低　　　D. 频繁使用

151. 微波炉是利用微波对物料进行加热，是对物料的（　　）加热的。

　　A. 只对表面　　　B. 只对外表　　　C. 里外同时　　　D. 先内后外

152. 微波炉是利用（　　）对物料进行加热，是对物料的里外同时加热的。

　　A. 中波　　　　　B. 传导　　　　　C. 微波　　　　　D. 短波

153. 油炸锅是专门做油炸制品的设备，一般是用（　　）加热。

　　A. 电热管　　　　B. 煤气　　　　　C. 瓦斯　　　　　D. 蒸汽

154. 多用途搅拌机一般具有（　　）功能，它兼有和面、搅拌等功能。

　　A. 二段变速　　　B. 三段变速　　　C. 四段变速　　　D. 无级变速

155. 多用途搅拌机一般具有三段变速功能，它兼有（　　）等功能。

　　A. 和面、压面　　B. 和面、搅拌　　C. 分割、搅拌　　D. 揉圆、搅拌

156. 压面机的功能是将揉制好的面团通过（　　）之间的间隙，压成所需厚度的坯料，以便进一步加工。

　　A. 模型　　　　　B. 模具　　　　　C. 擀面棍　　　　D. 压辊

157. 压面机的功能是将（　　）通过压辊之间的间隙，压成所需厚度的坯料，以便进一步加工。

A. 成熟后的面坯　　　　　　　　B. 调制好的面糊

C. 未调制的面团　　　　　　　　D. 揉制好的面团

158. 切片机是对（　　）切片成形的机械设备，对油脂蛋糕也可根据需要进行切片操作。

　　A. 吐司类面包　　B. 花色甜面包　　C. 甜甜圈面包　　D. 泡芙类制品

159. 切片机是对吐司类面包切片成形的机械设备，对（　　）也可根据需要进行切片操作。

　　A. 油脂蛋糕　　　B. 清蛋糕　　　　C. 慕斯蛋糕　　　D. 装饰蛋糕

160. 通过机械成形操作能提高产品成形的（　　），减轻劳动强度。

　　A. 发泡性　　　　B. 稳定性　　　　C. 光泽性　　　　D. 波动性

161. 通过机械成形操作能提高产品成形的稳定性，减轻（　　）。

　　A. 劳动难度　　　B. 劳动强度　　　C. 劳动价值　　　D. 劳动态度

162. 醒发箱的湿度一般控制在 78% 左右。醒发湿度过高，烘烤后成品表面会出现（　　），易塌陷。

　　A. 花纹　　　　　B. 裂缝　　　　　C. 气泡　　　　　D. 结皮

163. 醒发箱的湿度一般控制在（　　）左右。醒发湿度过高，烘烤后成品表面会出现气泡，易塌陷。

　　A. 58%　　　　　B. 68%　　　　　C. 78%　　　　　D. 88%

164. 冰箱在运行过程中（　　）切断电源，这样会使压缩机严重超载，造成机械损坏。

　　A. 只能一次　　　B. 绝对不能　　　C. 箱内无物　　　D. 不得频繁

165. 抹刀是用不锈钢片制成的，（　　），是涂抹奶油等糊料的重要工具之一。

　　A. 无锋刃、圆头　　　　　　　　B. 有锋刃、圆头

　　C. 有锋刃、尖头　　　　　　　　D. 无锋刃、尖头

166. 抹刀是用不锈钢片制成的，无锋刃、圆头，是（　　）等糊料的重要工具之一。

　　A. 涂抹奶油　　　B. 裱制奶油　　　C. 搅打面糊　　　D. 涂抹面团

167. 混酥面坯切割可以使用（　　）切片、条，使面坯具有曲形花边，起美化作用。

　　A. 滚刀　　　　　B. 分刀　　　　　C. 锯刀　　　　　D. 刮刀

168. 混酥面坯切割可以使用滚刀切（　　），使面坯具有曲形花边，起美化作用。

    A. 片、条　　　　　B. 块、团　　　　　C. 块、片　　　　　D. 团、条

169. 烘烤用模具包括（　　）、面包模具、专用模具及烤盘等。

    A. 巧克力模具　　　B. 蛋糕模具　　　C. 甜品模具　　　D. 蛋糕转盘

170. 烘烤用模具包括蛋糕模具、（　　）、专用模具及烤盘等。

    A. 巧克力模具　　　B. 面包模具　　　C. 甜品模具　　　D. 蛋糕转盘

171. 对制作（　　）产品的模具、工具要及时清洗，干净后应浸泡在消毒水中。

    A. 烘烤成熟　　　B. 间接入口　　　C. 直接入口　　　D. 油炸成熟

172. 对制作直接入口产品的模具、工具要及时清洗，干净后应浸泡在（　　）。

    A. 温水中　　　B. 石灰水中　　　C. 消毒水中　　　D. 纯净水中

173. 各种擀面用具多是用（　　）材料制成，圆而光滑。

    A. 纸质　　　B. 金属　　　C. 木质　　　D. 塑料

174. 各种擀面用具多是用木质材料制成，（　　）。

    A. 方而粗糙　　　B. 方而光滑　　　C. 圆而光滑　　　D. 圆而粗糙

175. 所有金属成形工具用后应用干布擦拭干净，（　　），以便下次再用。

    A. 沾上油脂　　　B. 沾上面粉　　　C. 防止酥软　　　D. 防止生锈

176. 擀面杖应放在固定处，并保持环境的干燥，避免擀面杖变形、（　　）。

    A. 腐蚀氧化　　　B. 表面生锈　　　C. 内部霉变　　　D. 表面发霉

177. 电烤箱应安装在（　　）、防火、便于操作的地方。

    A. 通风、干燥　　　B. 通道、走廊　　　C. 拐角、露台　　　D. 暗房、水池

178. 清洁烤箱时，要（　　），等到箱体冷却后方可进行。

    A. 炉内放冰　　　B. 切断电源　　　C. 关门炉门　　　D. 接通电源

179. 发现机器设备运转异常必须马上停机，切断电源，查明原因（　　）才能重新启动。

    A. 减速后　　　B. 观察后　　　C. 修复后　　　D. 确诊后

180. 机械设备操作人员必须（　　），掌握安全操作方法等基本知识。

    A. 亲自采购　　　B. 经过观察　　　C. 经过培训　　　D. 有人陪同

181. 冷藏柜必须按规定（　　　）储藏的食品，定期清理。

    A. 尽量空置　　　　B. 菱形放置　　　　C. 放满空间　　　　D. 整齐放置

182. 醒发箱在使用时水槽内不可（　　　），否则设备会遭到严重的损坏。

    A. 无水不烧　　　　B. 有水加热　　　　C. 有水不烧　　　　D. 无水干烧

183. 大理石案台台面较重，因此其底架要求（　　　）、稳固、承重能力强。

    A. 特别结实　　　　B. 美观大方　　　　C. 简洁简单　　　　D. 笨重坚固

184. 大理石案台台面（　　　），因此其底架要求特别结实、稳固、承重能力强。

    A. 较重　　　　　　B. 较轻　　　　　　C. 漂亮　　　　　　D. 平滑

185. 西点操作工具、用具做到：一洗、二冲、三（　　　）。抹布勤洗、勤换。

    A. 晾干　　　　　　B. 清洁　　　　　　C. 消毒　　　　　　D. 烘干

186. 西点操作工具、用具一定要做到：一洗、二冲、三消毒。抹布要（　　　）。

    A. 多擦、少洗　　　B. 少擦、多洗　　　C. 勤洗、勤换　　　D. 勤用、勤洗

187. 成本可以反映企业的（　　　）。

    A. 原料库存　　　　B. 产品标准　　　　C. 个人素质　　　　D. 管理质量

188. 企业的竞争主要是价格和（　　　）的竞争，而价格的竞争归根到底是成本的竞争。

    A. 利润　　　　　　B. 重量　　　　　　C. 数量　　　　　　D. 质量

189. 单位成本是指（　　　）单位所具有的成本。

    A. 每个菜点　　　　B. 全部菜点　　　　C. 分类菜点　　　　D. 部分菜点

190. 单位成本是指每个菜点单位所具有的（　　　）。

    A. 成本　　　　　　B. 价格　　　　　　C. 利润　　　　　　D. 费用

191. 总成本是指（　　　）的总和或某种、某类、某批或全部菜点在某核算期间的成本之和。

    A. 单位售价　　　　B. 单位成本　　　　C. 单位重量　　　　D. 单位数量

192. 总成本是指单位成本的总和或某种、某类、某批或全部菜点在某（　　　）的成本之和。

    A. 核算日期　　　　B. 核算期间　　　　C. 核算节点　　　　D. 核算内容

193. 精确地计算各个单位产品的成本，是为了合理确定产品（　　　）打下基础。

A. 销售日期　　　B. 销售数量　　　C. 销售价格　　　D. 销售品种

194. 成本核算可以揭示单位成本提高或降低的原因，指出（　　）的途径。

A. 提高成本　　　B. 降低价格　　　C. 降低成本　　　D. 提高价格

195. 成本核算能促进企业改善（　　）。

A. 人工效率　　　B. 劳动强度　　　C. 工作环境　　　D. 经营管理

196. 成本核算能让企业正确执行（　　）。

A. 产品标准　　　B. 销售数量　　　C. 环境卫生　　　D. 物价政策

197. 餐饮成本核算经常采用"（　　）"倒求成本的方法。

A. 以存计耗　　　B. 以耗计存　　　C. 以耗计耗　　　D. 以存计存

198. 餐饮成本核算经常采用"以存计耗"（　　）的方法。

A. 倒求成本　　　B. 正求成本　　　C. 先进先出　　　D. 后进先出

199. "起酥油"的英文单词是"（　　）"。

A. sour cream　　B. salad oil　　C. shortening　　D. lard

200. "酸奶"的英文单词是"（　　）"。

A. yoghurt　　　B. milk　　　C. sour cream　　D. cream

201. "面粉"的英文单词是"（　　）"。

A. bread　　　B. flour　　　C. cake　　　D. cookies

202. "蛋黄"的英文单词是"（　　）"。

A. whole egg　　B. egg　　　C. egg white　　D. egg yolk

203. "朗姆酒"的英文单词是"（　　）"。

A. rum　　　B. red wine　　　C. white wine　　D. kirsch

204. "肉桂"的英文单词是"（　　）"。

A. clove　　　B. cinnamon　　　C. blueberry　　D. mango

205. 按加工工艺分类，西点分为（　　）、混酥类、清酥类等。

A. 油酥类　　　B. 蛋糕类　　　C. 蒸制类　　　D. 粉糕类

206. （　　）是指由于人体不能自行合成，必须由食物供给的脂肪酸。

A. 饱和脂肪酸　　　　　　　　　B. 必须脂肪酸

C. 不饱和脂肪酸　　　　　　　　　D. 氢化脂肪酸

207. 食物蛋白质在体内的主要功能（　　）供给热能。

A. 并非　　　　B. 只是　　　　C. 不会　　　　D. 不能

混酥类糕点制作

一、判断题（将判断结果填入括号中。正确的填"√"，错误的填"×"）

1. 混酥类面团是用奶油、面粉、鸡蛋、糖等主要原料调和成的面团，面坯有层次。

（　　）

2. 混酥面团的酥松程度，主要是由面团中面粉和油脂等原料的性质所决定的。（　　）

3. 制作混酥面坯的面粉最好用高筋面粉。　　　　　　　　　　　　　　　（　　）

4. 当混酥面坯加入面粉后，必须搅拌很久，以便面粉产生筋性。　　　　　（　　）

5. 制作混酥面坯的油脂应选用熔点较低的油脂。　　　　　　　　　　　　（　　）

6. 制作混酥面坯时使用熔点低的油脂，吸湿面粉的能力强，擀制使面团容易发黏。

（　　）

7. 制作混酥面坯时应选用颗粒较粗的糖制品。　　　　　　　　　　　　　（　　）

8. 制作混酥面坯时如果选用的糖晶粒太粗，在搅拌中不易溶化，造成面团擀制困难。

（　　）

9. 混酥面坯的油糖搅拌法是西式面点生产中最不常用的调制方法之一。　（　　）

10. 混酥面坯的油糖搅拌法最后加入的原料是面粉。　　　　　　　　　　（　　）

11. 混酥面坯的粉油搅拌法是先将砂糖和面粉一同搅拌，最后加入的是鸡蛋。（　　）

12. 混酥面坯的粉油搅拌法是使油脂完全渗透到面粉之中，烘烤后产品具有酥性。

（　　）

13. 为了增加混酥面坯的酥松性，可加大面粉用量或加入大量的膨松剂。　（　　）

14. 为了增加混酥面坯的口味，提高产品的质量，可加入辅料或调味品以增加成品风味和柔软性。　　　　　　　　　　　　　　　　　　　　　　　　　　　　　　（　　）

15. 常用的计量设备有料盆和勺子等。　　　　　　　　　　　　　　　　（　　）

16. 使用电子秤时要注意电池是否充足，称重前须调整"零"位。 （　　）

17. 量杯不是衡器。 （　　）

18. 西式面点所用的模具种类繁多，其中用于混酥面坯成形模具的有波浪形烤盘等。 （　　）

19. 裱制混酥饼干时，烤盘内的面坯间距要小，这样成品才能相互粘连。 （　　）

20. 使用金属工具、模具后，要及时清理，并及时擦干净，以免生锈。 （　　）

21. 混酥面坯在擀制时，应做到多次性擀平，并静置后成形。 （　　）

22. 切割混酥面坯时，动作要轻柔准确。 （　　）

23. 大型烘烤设备应该放置在操作台旁，便于操作及保养、维修。 （　　）

24. 烤箱使用后应立即关掉电源，温度下降后要将残留在烤箱内的污物清理干净。 （　　）

25. 混酥制品多采用油炸成熟的方法。 （　　）

26. 检查夹有馅心的混酥制品是否成熟，首先要看制品底部成熟程度，再决定是否出炉。 （　　）

27. 混酥制品成熟后，不要及时脱去模具，模具热传导到制品，可以改善产品色泽，提高产品质量。 （　　）

28. 混酥面坯是西点制作中最常见的基础面坯之一，其制品多见于蛋糕、塔类、饼干、甜点装饰。 （　　）

29. 将调制好的混酥面团入冰箱备用，目的是使油脂凝固，易于成形。 （　　）

30. 混酥塔中挤入的馅料要很满，以防制品不丰满，影响质量。 （　　）

31. 擀制混酥排类面坯，大小、厚薄要一致，以免产生成熟不均匀。 （　　）

32. 混酥类饼干面坯成形常见有两种方法，一种是直接成形，另一种是生冷冻面坯再成形。 （　　）

33. 混酥类制品烘烤时，根据制品大小、厚薄不同，需用 190～200℃ 的中火。 （　　）

34. 烘烤时间的长短，也是决定混酥制品是否成熟的重要因素。 （　　）

35. 饼干面坯大多含有较高的糖分，糖极易受热而产生乳化作用，使制品变成金黄色。 （　　）

36. 饼干面坯加热时间短，会造成颜色过浅，内部未完全成熟。　　　　　　　（　　　）

二、单项选择题（选择一个正确的答案，将相应的字母填入题内的括号中）

1. 混酥类面团是用奶油、面粉、鸡蛋、糖等主要原料调和成的面团，面坯（　　　）。
　　A. 有层次　　　　　B. 有韧性　　　　　C. 无层次　　　　　D. 无酥性

2. 混酥类面团是用奶油、面粉、鸡蛋、糖等主要原料（　　　）成的面团，面坯无层次。
　　A. 烫制　　　　　B. 加热　　　　　C. 调和　　　　　D. 冷冻

3. 混酥面团的酥松性，主要是由面团中的（　　　）和油脂等原料的性质所决定的。
　　A. 糖　　　　　B. 鸡蛋　　　　　C. 盐　　　　　D. 面粉

4. 混酥面团的酥松性，主要是由面团中的面粉和（　　　）等原料的性质所决定的。
　　A. 糖　　　　　B. 鸡蛋　　　　　C. 盐　　　　　D. 油脂

5. 制作混酥面坯的面粉最好用（　　　）面粉。
　　A. 高筋　　　　　B. 中筋　　　　　C. 低筋　　　　　D. 预拌

6. 制作（　　　）面坯的面粉最好用低筋面粉。
　　A. 面包　　　　　B. 清酥　　　　　C. 混酥　　　　　D. 慕斯

7. 当混酥面坯加入面粉后，（　　　）搅拌过久，以防面粉产生筋性。
　　A. 必须　　　　　B. 切忌　　　　　C. 可以　　　　　D. 应该

8. 当混酥面坯加入面粉后，切忌搅拌过久，以防面粉产生（　　　）。
　　A. 延伸性　　　　　B. 筋性　　　　　C. 黏结性　　　　　D. 起泡性

9. 制作混酥面坯的油脂应选用熔点（　　　）的油脂。
　　A. 很高　　　　　B. 最低　　　　　C. 较低　　　　　D. 较高

10. 制作（　　　）面坯的油脂应选用熔点较高的油脂。
　　A. 面包　　　　　B. 泡芙　　　　　C. 甜品　　　　　D. 混酥

11. 制作混酥面坯使用熔点低的油脂，（　　　）的能力强，擀制时面团容易发黏。
　　A. 吸湿面粉　　　　　B. 吸收水分　　　　　C. 吸收糖分　　　　　D. 吸湿蛋液

12. 制作混酥面坯使用熔点低的油脂，吸湿面粉的能力强，擀制时面团（　　　）。
　　A. 容易发黏　　　　　B. 容易发脆　　　　　C. 马上发黏　　　　　D. 马上发脆

13. 制作混酥面坯应选用颗粒（　　　）的糖。

    A. 细小   B. 较粗   C. 很粗   D. 均匀

14. 制作（   ）面坯应选用颗粒细小的糖。

    A. 混酥   B. 面包   C. 甜品   D. 果冻

15. 制作混酥面坯如果选用的糖（   ），在搅拌中不易溶化，造成面团擀制困难。

    A. 晶粒太细   B. 晶粒太粗   C. 溶液太浓   D. 溶液太淡

16. 制作混酥面坯如果选用的糖晶粒太粗，在搅拌中不易溶化，造成面团（   ）。

    A. 搅拌困难   B. 擀制困难   C. 烘烤困难   D. 冷藏困难

17. 混酥面坯的油糖搅拌法是西式面点生产中（   ）的调制方法之一。

    A. 最为常用   B. 最不常用   C. 很少使用   D. 绝不能用

18. 混酥面坯的（   ）是西式面点生产中最为常用的调制方法之一。

    A. 油糖搅拌法   B. 粉油搅拌法   C. 蛋粉搅拌法   D. 油蛋搅拌法

19. 混酥面坯的油糖搅拌法最后加入的原料是（   ）。

    A. 砂糖   B. 油脂   C. 鸡蛋   D. 面粉

20. 混酥面坯的油糖搅拌法（   ）加入的原料是面粉。

    A. 预先   B. 中间   C. 最先   D. 最后

21. 混酥面坯的粉油搅拌法是先将（   ）和面粉一同搅拌。

    A. 油脂   B. 盐   C. 水   D. 鸡蛋

22. 混酥面坯的粉油搅拌法是先将油脂和（   ）一同搅拌。

    A. 面粉   B. 盐   C. 水   D. 鸡蛋

23. 混酥面坯的粉油搅拌法是使（   ）完全渗透到面粉之中，烘烤后产品具有酥性。

    A. 鸡蛋   B. 油脂   C. 水   D. 膨松剂

24. 混酥面坯的粉油搅拌法是使油脂完全渗透到（   ）之中，烘烤后产品具有酥性。

    A. 鸡蛋   B. 面粉   C. 水   D. 膨松剂

25. 为了增加混酥面坯的酥松性，可加大（   ）的用量或加入适量的膨松剂。

    A. 面粉   B. 糖   C. 油脂   D. 水

26. 为了增加混酥面坯的酥松性，可加大油脂的用量或加入适量的（   ）。

    A. 面粉   B. 糖   C. 膨松剂   D. 水

27. 为了增加混酥面坯的口味，提高产品的质量，可加入辅料或调味品以增加成品风味和（　　）。

　　A. 柔软性　　　　　B. 酥松性　　　　　C. 起泡性　　　　　D. 黏结性

28. 为了增加混酥面坯的口味，提高产品的（　　），可加入辅料或调味品以增加成品风味和酥松性。

　　A. 重量　　　　　B. 质量　　　　　C. 数量　　　　　D. 能量

29. 常用的计量设备有（　　）和量杯等。

　　A. 勺子　　　　　B. 裱花袋　　　　　C. 电子秤　　　　　D. 料盆

30. 常用的计量设备有电子秤和（　　）等。

　　A. 勺子　　　　　B. 裱花袋　　　　　C. 量杯　　　　　D. 料盆

31. 使用（　　）时要注意电池是否充足，连续称料时，注意及时调整"零"位。

　　A. 温度计　　　　　B. 量杯　　　　　C. 量勺　　　　　D. 电子秤

32. 使用电子秤时要注意电池是否充足，连续称料时，注意及时调整"（　　）"位。

　　A. 三　　　　　B. 二　　　　　C. 一　　　　　D. 零

33. 西点制作中可以用"量杯"来代替秤称水的（　　），两者是相同的。

　　A. 重量　　　　　B. 数量　　　　　C. 质量　　　　　D. 个数

34. 西式面点所用的模具种类繁多，其中用于混酥面坯成形模具的有（　　）等。

　　A. 圆形花边饼模　　　　　　　　　B. 波浪形烤盘

　　C. 有盖吐司模　　　　　　　　　　D. 慕斯圈

35. 西式面点所用的模具种类繁多，其中用于（　　）成形模具的有圆形花边饼模等。

　　A. 混酥面坯　　　　　B. 清酥面坯　　　　　C. 面包面坯　　　　　D. 慕斯冻液

36. 裱制混酥饼干时，烤盘内的面坯（　　）要适当，防止成品相互粘连。

　　A. 大小　　　　　B. 间距　　　　　C. 厚薄　　　　　D. 形状

37. 裱制混酥饼干时，烤盘内的面坯间距要适当，防止成品（　　）。

　　A. 色泽不均匀　　　　B. 相互粘连　　　　C. 烘烤过度　　　　D. 烘烤不足

38. 使用（　　）工具、模具后，要及时清理，要擦干净，以免生锈。

　　A. 塑料　　　　　B. 金属　　　　　C. 木质　　　　　D. 硅胶

39. 使用金属工具、模具后，要及时清理，要擦干净，（　　）。

    A. 以免老化　　　　B. 以免生锈　　　　C. 以免黏粘　　　　D. 以免开裂

40. 混酥面坯在擀制时，应做到（　　）性擀平，擀平后立即成形。

    A. 二次　　　　　　B. 多次　　　　　　C. 一次　　　　　　D. 不限

41. 混酥面坯在擀制时，应做到一次性擀平，擀平后（　　）成形。

    A. 静置　　　　　　B. 冷冻　　　　　　C. 立即　　　　　　D. 冷藏

42. 切割混酥面坯时，动作要（　　），一次到位。

    A. 绵软无力　　　　B. 用力猛烈　　　　C. 慢速随意　　　　D. 轻柔准确

43. 切割后的混酥塔坯放入模具后用竹签等戳小孔，防止面团膨发产生（　　）。

    A. 气泡　　　　　　B. 黏液　　　　　　C. 破碎　　　　　　D. 收缩

44. 一般情况下，烤箱烘烤混酥制品的下火温度要（　　）上火温度 5～10℃。

    A. 低于　　　　　　B. 等于　　　　　　C. 高于　　　　　　D. 以上答案都正确

45. 烘烤食品前烤炉须预热，保证制品进炉温度达到（　　）要求。

    A. 成熟　　　　　　B. 调制　　　　　　C. 工艺　　　　　　D. 高温

46. 烤箱使用后应立即（　　），温度下降后要将残留在烤箱内的污物清理干净。

    A. 浇洒冷水　　　　B. 打开炉门　　　　C. 关掉照明　　　　D. 关掉电源

47. 烤箱使用后应立即关掉电源，温度下降后要将残留在烤箱内的污物（　　）。

    A. 烤至焦化　　　　B. 冲刷干净　　　　C. 敲打干净　　　　D. 清理干净

48. 影响混酥制品成熟的因素主要有两个方面，一个是烘烤（　　），一个是烘烤时间。

    A. 湿度　　　　　　B. 温度　　　　　　C. 数量　　　　　　D. 薄厚

49. （　　）制品多采用烘烤成熟的方法。

    A. 混酥　　　　　　B. 果冻　　　　　　C. 乳冻　　　　　　D. 甜圈

50. 检查夹有馅心的混酥制品是否成熟，首先要看制品（　　）成熟程度，再决定是否出炉。

    A. 表面　　　　　　B. 底部　　　　　　C. 中间　　　　　　D. 内部

51. 混酥制品烤前，制品表面刷的（　　）要均匀，以免烤出的成品颜色不一致。

    A. 水　　　　　　　B. 果胶　　　　　　C. 蛋液　　　　　　D. 巧克力

52. 混酥制品成熟后，须及时脱去模具，以防模具热传导到制品，影响产品（　　）和质量。

    A. 色泽   B. 成熟   C. 软度   D. 硬度

53. 混酥制品成熟后，须及时脱去模具，以防模具热传导到制品，影响产品色泽和（　　）。

    A. 质量   B. 软度   C. 硬度   D. 重量

54. 混酥面坯是西点制作中最常见的基础面坯之一，其制品多见于排类、塔类、（　　）、甜点装饰。

    A. 饼干   B. 蛋糕   C. 泡芙   D. 果冻

55. 混酥面坯是西点制作中最常见的基础面坯之一，其制品多见于排类、塔类、饼干、（　　）。

    A. 甜点装饰   B. 蛋糕   C. 泡芙   D. 果冻

56. 将调制好的混酥面团放入冰箱备用，目的是使（　　）凝固，易于成形。

    A. 鸡蛋   B. 油脂   C. 面粉   D. 砂糖

57. 将调制好的混酥面团放入（　　）备用，目的是使油脂凝固，易于成形。

    A. 仓库   B. 冰箱   C. 储存柜   D. 玻璃柜

58. 混酥塔的质量标准为塔底（　　），成品大小、颜色金黄一致。

    A. 厚实坚硬   B. 薄如蝉翼   C. 厚薄均匀   D. 气孔均匀

59. 混酥塔的质量标准为制品表面有光亮，（　　），口味有香味。

    A. 口感酥脆   B. 口感绵软   C. 口感酥软   D. 口感坚硬

60. 擀制混酥排类面坯，（　　）、厚薄要一致，以免产生成熟不均匀。

    A. 形状   B. 大小   C. 花纹   D. 外观

61. 擀制混酥排类面坯，大小、（　　）要一致，以免产生成熟不均匀。

    A. 形状   B. 厚薄   C. 花纹   D. 外观

62. 混酥类饼干面坯成形常见有两种方法，一是直接成形，另一是（　　）再成形。

    A. 揉制面坯   B. 压制面坯   C. 加热面坯   D. 冷冻面坯

63. 混酥类饼干面坯成形常见有两种方法，一是（　　）成形，另一是冷冻面坯再成形。

    A. 油炸   B. 蒸制   C. 间接   D. 直接

64. 混酥类制品烘烤时，根据制品大小、厚薄不同，需用（   ）的中火。

    A. 170～190℃   B. 190～200℃   C. 200～220℃   D. 210～220℃

65. 混酥类制品烘烤时，根据制品大小、（   ）不同，需用190～200℃的中火。

    A. 形状   B. 数量   C. 厚薄   D. 花纹

66. 实际工作中，要根据混酥制品的体积大小、厚薄、内部原料组织结构等因素（   ）烘烤的时间。

    A. 尽量增加   B. 尽量减少   C. 确定不变   D. 合理调节

67. 实际工作中，要根据混酥制品的体积大小、厚薄、（   ）组织结构等因素合理调节烘烤的时间。

    A. 烤箱大小   B. 模具材料   C. 脱卸模具   D. 内部原料

68. 饼干面坯大多含有较高的糖分，糖极易受热而产生（   ）作用，使制品变成金黄色。

    A. 乳化   B. 焦化   C. 氧化   D. 钙化

69. 饼干面坯大多含有较高的糖分，糖极易受热而产生焦化作用，使制品变成（   ）。

    A. 咖啡色   B. 金黄色   C. 淡黄色   D. 乳白色

70. 饼干面坯加热时间长，势必造成颜色加深，甚至出现（   ）。

    A. 外熟内生   B. 外生内熟   C. 焦糊现象   D. 夹生现象

71. 饼干面坯加热时间短，势必造成（   ），内部未完全成熟现象。

    A. 颜色焦糊   B. 颜色金黄   C. 颜色过浅   D. 颜色过深

面包制作

一、判断题（将判断结果填入括号中。正确的填"√"，错误的填"×"）

1. 搅拌设备运转过程中不能强行扳动变速手柄，否则会损坏变速装置或传动部件。

                                            （   ）

2. 制作甜软面包较常用的方法为烫种发酵法。（　　）

3. 直接发酵法的优点是操作简单、发酵时间短、面包的口感和风味较好。（　　）

4. 制作甜软面包时需注意无糖酵母与低糖酵母的选择。（　　）

5. 面包面团搅拌的结合阶段，面团中的水分和面粉完全结合，面筋开始产生。（　　）

6. 手工分割面包面团有利于保护面坯内的面筋质，因此，对于筋力较弱的面坯，最后用手工分割的方法。（　　）

7. 面包面团揉圆的手法是手指同手掌配合用力，用"浮力"轻压面团，朝同一方向旋转。（　　）

8. 在面包面团醒发后，应将面团翻面，以去除多余的空气，充入新鲜的空气。（　　）

9. 面包面团手工成形的手法主要有"揉圆""搓条""卷"。（　　）

10. 面包面坯装盘时要注意，有收口的面团应将收口朝下，以防烘烤时收口处爆开。（　　）

11. 现在普遍使用的醒发箱一般具有湿度和温度一体调节器等电器按钮。（　　）

12. 甜软面包一般采用的一次醒发法制作，醒发时间应控制在 30～60 min。（　　）

13. 面包烘烤前的最后成形及美化装饰多种多样，最基本的工艺方法有刷、剪、压、撒、切、割等。（　　）

14. 软质面包面团搅拌的物理效应主要体现在搅拌运动使面筋产生，以及摩擦生热使面团温度升高两方面。（　　）

15. 面包面团搅拌过程中，空气不断进入面团内，产生各种乳化作用。（　　）

16. 面包面团搅拌过程中一般要经历四个阶段。（　　）

17. 高筋面粉＝高精面粉。（　　）

18. 面包之所以会膨松、柔软，是因为在制作时添加了酵母。（　　）

19. 制作面包应使用微酸性的水，即 pH 值在 6～7 之间的水。（　　）

20. 糖也是酵母生长繁殖的营养剂。（　　）

21. 食盐有抑制酵母发酵的作用，可用来调整发酵的时间。（　　）

22. 甜软面包的烘烤温度应根据制品的大小、形状而定。（　　）

23. 烘烤体积小而薄的甜软面包，一般时间为 10～15 min。（　　）

24. 面包烘烤炉温过低会造成成品表皮厚、颜色浅，水分蒸发过多，降低面包的柔软度。 （　　）

25. 油炸锅是专门做油炸制品的设备，一般具有油温自动控制系统。 （　　）

26. 面包炸至成熟，出油锅后放置在沥油器具上沥干油脂。 （　　）

27. 成熟的软质面包成品色泽应焦黄、均匀。 （　　）

28. 成熟的软质面包成品造型整齐、端正，大小一致。 （　　）

29. 成熟的软质面包内部组织松软、蜂窝均匀、口味甜咸适中。 （　　）

30. 盐的渗透压高，对酵母发酵的抑制作用大。当盐的用量达到 2% 时，发酵即受影响。 （　　）

31. 面包面团搅拌所使用的水对温度要求很高，一般要求水温控制在 17℃ 左右。 （　　）

32. 良好的面包发酵面团拉起时面团能自然拉长，松手后面团静置不动。 （　　）

33. 揉圆的面团应该是表面光滑、无突出气泡，底部收口紧凑呈同心圆。 （　　）

34. 醒发箱的湿度一般控制在 78% 左右，醒发湿度过高，烘烤后面包成品表面会出现气泡，易塌陷。 （　　）

35. 食品烘烤前烤箱必须预热，待温度达到工艺要求后方可进行烘烤。 （　　）

36. 面包在烘烤过程中，要随时检查温度情况和制品的内部变化，及时进行温度调整。 （　　）

37. 油脂的质量是保证油炸面包质量的重要因素。 （　　）

38. 油炸面包一般时间控制在 3～5 min，正常吸油率在 15%～20%。 （　　）

39. 多用途搅拌机一般配置三种不同用途的搅拌器，在搅拌面包面团时应选用圆球形搅拌器。 （　　）

二、单项选择题（选择一个正确的答案，将相应的字母填入题内的括号中）

1. 多用途搅拌机一般配置三种不同用途的搅拌器，在搅拌面包面团时应选用（　　）搅拌器。

　　A. 圆球形　　　　　B. 扁平形　　　　　C. 钩形　　　　　D. 立柱形

2. 多用途搅拌机一般配置（　　）不同用途的搅拌器，在搅拌面包面团时应选用钩形搅拌器。

A. 一种　　　　　　B. 二种　　　　　　C. 三种　　　　　　D. 四种

3. 搅拌机等设备上（　　）杂物，以免异物掉入搅拌机内损坏设备。

A. 整齐摆放　　　　B. 不要不放　　　　C. 整齐堆放　　　　D. 不要乱放

4. 搅拌机等设备使用前应先检查各部件（　　），运行是否正常，待确认后，方可开机操作。

A. 是否更新　　　　B. 是否全新　　　　C. 是否损坏　　　　D. 是否完好

5. 直接发酵法也称（　　）发酵法。

A. 三次　　　　　　B. 二次　　　　　　C. 一次　　　　　　D. 快速

6. 直接发酵法，即将所有的配料，（　　）放在搅拌容器里，一次搅拌完成。

A. 按习惯　　　　　B. 全部　　　　　　C. 按顺序　　　　　D. 按重量

7. 直接发酵法的优点是操作简单、（　　）、面包的口感和风味较好。

A. 发酵温度高　　　B. 发酵湿度低　　　C. 发酵时间长　　　D. 发酵时间短

8. 直接发酵法的优点是操作简单、发酵时间短、面包的（　　）较好。

A. 抗机械性　　　　B. 发酵耐性　　　　C. 组织结构　　　　D. 口感和风味

9. 制作甜软面包选用优质（　　）能确保产品的质量。

A. 预拌面粉　　　　B. 低筋粉　　　　　C. 中筋粉　　　　　D. 高筋粉

10. 制作面包的面粉要过筛，不仅能去除杂质，并且能混入（　　），有利于酵母的生长繁殖。

A. 新鲜空气　　　　B. 新鲜原料　　　　C. 营养物质　　　　D. 二氧化碳

11. 面包面团搅拌的（　　）阶段，面筋已不断产生，面团表面变得光滑且有光泽。

A. 水化阶段　　　　B. 结合阶段　　　　C. 扩展阶段　　　　D. 完成阶段

12. 面包面团搅拌的完成阶段，面筋（　　）产生，形成柔软且具有良好延伸性的面团。

A. 还未　　　　　　B. 开始　　　　　　C. 不断　　　　　　D. 完全

13. 机械分割面包面团的速度较快，重量也较为准确，但对面团内的（　　）有一定的损伤。

A. 面筋　　　　　　B. 淀粉　　　　　　C. 酵母　　　　　　D. 糖

14. 面包面团的分割重量一般是成品重量加上（　　）重量。

    A. 烘烤损耗　　　　B. 醒发损耗　　　　C. 静置损耗　　　　D. 搅拌损耗

15. 面包面团揉圆的手法是手指同手掌配合用力，用"（　　）"轻压面团，朝同一方向旋转。

    A. 轻功　　　　　　B. 重力　　　　　　C. 实力　　　　　　D. 浮力

16. 揉圆的面包面团应该是表面光滑、无突出气泡，底部收口紧凑呈（　　）。

    A. 同心圆　　　　　B. 直线　　　　　　C. 漏斗状　　　　　D. 锥形

17. 面包面团醒置时间一般在（　　）min 左右，面团体积可比松弛前增大八成左右。

    A. 50　　　　　　　B. 45　　　　　　　C. 30　　　　　　　D. 15

18. 面包面团醒置时间一般在 15 min 左右，面团体积可比松弛前增大（　　）左右。

    A. 二成　　　　　　B. 四成　　　　　　C. 六成　　　　　　D. 八成

19. 面包面团手工成形的手法主要有"（　　）""搓条""卷"。

    A. 吹制　　　　　　B. 碾压　　　　　　C. 揉圆　　　　　　D. 甩打

20. 面包面团手工成形的手法主要有"揉圆""（　　）""卷"。

    A. 吹制　　　　　　B. 碾压　　　　　　C. 搓条　　　　　　D. 甩打

21. 一般情况下，面包面坯在烤盘内排放时，相互之间应有一（　　），以保证不互相粘连。

    A. 很宽距离　　　　B. 一定距离　　　　C. 紧密排列　　　　D. 很窄距离

22. 置盘的面包面坯排列要疏密适当，排放过疏，面坯在烘烤时受热面积增大，易造成表皮（　　）。

    A. 颜色过深　　　　B. 颜色不均　　　　C. 颜色过浅　　　　D. 颜色均匀

23. 现在普遍使用的醒发箱一般具有（　　）调节器和温度调节器等电器按钮。

    A. 蒸汽　　　　　　B. 湿度　　　　　　C. 冷风　　　　　　D. 冷气

24. 现在普遍使用的醒发箱一般具有湿度调节器和（　　）调节器等电器按钮。

    A. 蒸汽　　　　　　B. 温度　　　　　　C. 冷风　　　　　　D. 冷气

25. 甜软面包一般采用的一次醒发法，最后醒发时间应控制在（　　）min。

    A. 20～30　　　　　B. 70～80　　　　　C. 60～70　　　　　D. 30～60

26. 甜软面包一般采用的一次醒发法，（　　）时间应控制在 30～60 min。
　　A. 烘烤　　　　　　B. 醒置　　　　　　C. 面团搅拌　　　　D. 最后醒发

27. 面包烘烤前的最后成形及美化装饰是反映生产者聪明才智和生产（　　）的重要方面。
　　A. 工艺技术　　　　B. 烘烤设备　　　　C. 产品口味　　　　D. 原料质量

28. 面包烘烤前的最后成形及美化装饰的所有技术动作一定要（　　）。
　　A. 灵活、轻巧　　　B. 快速、粗放　　　C. 僵硬、有力　　　D. 随意、大胆

29. 面包面团搅拌的（　　），面团中的水分和面粉完全结合，面筋开始产生。
　　A. 水化阶段　　　　B. 结合阶段　　　　C. 扩展阶段　　　　D. 完成阶段

30. 面包面团搅拌后面筋开始产生，成为既有一定弹性又有一定（　　）的面团。
　　A. 乳化性　　　　　B. 延伸性　　　　　C. 渗透性　　　　　D. 凝散性

31. 面包面团在搅拌过程中，空气不断进入面团内，产生各种（　　）作用。
　　A. 氢化　　　　　　B. 乳化　　　　　　C. 氧化　　　　　　D. 膨胀

32. 面包面团在搅拌过程中，（　　）不断进入面团内，产生各种氧化作用。
　　A. 氦气　　　　　　B. 氢气　　　　　　C. 空气　　　　　　D. 氧气

33. 面包面团在搅拌过程中要经历（　　）个阶段。
　　A. 一　　　　　　　B. 两　　　　　　　C. 三　　　　　　　D. 四

34. 面包面团在（　　）过程中要经历四个阶段。
　　A. 成形　　　　　　B. 静置　　　　　　C. 发酵　　　　　　D. 搅拌

35. 高筋小麦面粉是制作（　　）制品的主要原料。
　　A. 蛋糕　　　　　　B. 混酥　　　　　　C. 面包　　　　　　D. 泡芙

36. 面包酵母可分为（　　）酵母、低糖酵母和无糖酵母。
　　A. 高糖　　　　　　B. 中糖　　　　　　C. 焦糖　　　　　　D. 转化糖

37. 面包之所以会（　　）、柔软，是因为在制作面包时添加了酵母。
　　A. 酥松　　　　　　B. 坚硬　　　　　　C. 膨松　　　　　　D. 软绵

38. 制作面包时应使用微酸性的水，即 pH 值在（　　）之间的水。
　　A. 5.0～6.0　　　　B. 6.0～7.0　　　　C. 7.5～8.5　　　　D. 9.0～9.5

39. 制作面包应使用（　　）的水。

    A. 微碱性　　　　　　B. 微酸性　　　　　　C. 强酸性　　　　　　D. 强碱性

40. 面包中使用的糖多为（　　）。

    A. 饴糖　　　　　　　B. 白砂糖　　　　　　C. 蜂蜜　　　　　　　D. 葡萄糖

41. 糖也是酵母生长繁殖的（　　）。

    A. 膨松剂　　　　　　B. 催化剂　　　　　　C. 营养剂　　　　　　D. 乳化剂

42. 食盐能改变面筋的物理性质，（　　）其吸收水分的性能。

    A. 保持　　　　　　　B. 减弱　　　　　　　C. 减少　　　　　　　D. 增加

43. 食盐有抑制酵母发酵的作用，所以可用来调整发酵的（　　）。

    A. 时间　　　　　　　B. 温度　　　　　　　C. 湿度　　　　　　　D. 酸度

44. 甜软面包的（　　）温度应根据制品的大小、厚薄而定。

    A. 烘烤　　　　　　　B. 醒发　　　　　　　C. 静置　　　　　　　D. 最后醒发

45. 甜软面包的烘烤温度应根据制品的大小、（　　）而定。

    A. 厚薄　　　　　　　B. 形状　　　　　　　C. 造型　　　　　　　D. 口味

46. 烘烤体积较大的吐司类面包，采用（　　）烘烤温度，一般烘烤温度在 180～200℃。

    A. 偏高　　　　　　　B. 偏低　　　　　　　C. 不变　　　　　　　D. 很低

47. 烘烤体积（　　）的甜软面包，一般时间为 10～15 min。

    A. 大而薄　　　　　　B. 大而厚　　　　　　C. 小而薄　　　　　　D. 小而高

48. 面包烘烤炉温过低会使成品（　　）、颜色浅，水分蒸发过多，降低了面包的柔软度。

    A. 表皮厚　　　　　　B. 表皮裂　　　　　　C. 表皮薄　　　　　　D. 表皮凹

49. 面包烘烤炉温过高，成品表面易焦化，容易产生（　　）现象。

    A. 外生内焦　　　　　B. 外焦内生　　　　　C. 内外焦化　　　　　D. 内外不熟

50. 油炸锅是专门做油炸制品的设备，一般具有油温（　　）系统。

    A. 自动控制　　　　　B. 声控控制　　　　　C. 感光控制　　　　　D. 激光控制

51. 油炸面包一般时间控制在（　　）min，正常吸油率在 15%～20%。

A. 4～5　　　　　　　B. 3～4　　　　　　　C. 2～3　　　　　　　D. 1～2

52. 油炸面包时要（　　）面坯至面坯两面成熟，放置在沥油器具上沥干油脂。

　　A. 抖动　　　　　　B. 翻动　　　　　　C. 撤入　　　　　　D. 插入

53. 成熟的软质面包成品色泽应（　　）、均匀。

　　A. 淡黄　　　　　　B. 焦黄　　　　　　C. 金黄　　　　　　D. 焦黑

54. 成熟的软质面包成品色泽应金黄、（　　）。

　　A. 斑马纹　　　　　B. 由浅至深　　　　C. 均匀　　　　　　D. 由深至浅

55. 成熟的软质面包成品（　　），不煳不生。

　　A. 只硬无软　　　　B. 比较坚硬　　　　C. 非常软绵　　　　D. 软硬适中

56. 成熟的软质面包成品软硬适中，（　　）。

　　A. 要煳要生　　　　B. 不烂不生　　　　C. 不煳不熟　　　　D. 不煳不生

57. 成熟的软质面包具有浓郁的黄油香味，（　　）。

　　A. 无异味　　　　　B. 无香味　　　　　C. 有焦味　　　　　D. 有异味

58. 奶粉在面包中的加入量一般为面粉总量的（　　）。

　　A. 5%～20%　　　B. 10%～25%　　　C. 1%～15%　　　D. 15%～35%

59. 有些高档（　　）面包往往以牛奶代替水来调制面团。

　　A. 甜软　　　　　　B. 硬质　　　　　　C. 脆皮　　　　　　D. 酥性

60. 面包面团搅拌时过早加入（　　）会延长搅拌时间和阻碍面筋形成。

　　A. 砂糖　　　　　　B. 食盐　　　　　　C. 奶粉　　　　　　D. 面包改良剂

61. 面包面团搅拌用的水和（　　）含量与面团调制有密切关系，最适合的 pH 值在 6～7。

　　A. 矿物质　　　　　B. 维生素　　　　　C. 脂肪　　　　　　D. 无机盐

62. 直接发酵法发酵时间一般在（　　）min 左右，面包面团经过短时间的松弛与发酵，体积增大一倍左右。

　　A. 10　　　　　　　B. 30　　　　　　　C. 20　　　　　　　D. 40

63. 良好的面包发酵面团拉起时能自然拉长，松手后面团（　　）。

　　A. 快速回缩　　　　B. 慢慢回缩　　　　C. 静置不动　　　　D. 缓缓流动

64. 面包面团手工成形的技术方法有滚、搓、包、捏、压、挤、擀等，每个技术动作都有它（　　）。

  A. 相同的功能 B. 独立的功能 C. 独特的功能 D. 奇特的功能

65. 面包面团手工成形的技术方法有（　　）、包、捏、压、挤、擀等，每个技术动作都有它独特的功能。

  A. 混、打 B. 捣、扯 C. 滚、搓 D. 搅、拌

66. 醒发箱的湿度一般控制在65％～80％之间，醒发湿度过高，烘烤后面包成品表面会出现（　　），易塌陷。

  A. 花纹 B. 裂缝 C. 气泡 D. 结皮

67. 醒发箱的湿度一般控制在（　　）之间，醒发湿度过高，烘烤后面包成品表面会出现气泡，易塌陷。

  A. 30％～55％ B. 45％～65％ C. 65％～80％ D. 80％～95％

68. 食品烘烤前烤箱（　　），待温度达到工艺要求后方可进行烘烤。

  A. 保持低温 B. 设置高温 C. 可以预热 D. 必须预热

69. 食品烘烤前烤箱必须预热，待温度达到（　　）后方可进行烘烤。

  A. 设置标准 B. 最高温度 C. 预计要求 D. 工艺要求

70. 面包烘烤温度确定后，要根据某种食品的（　　）合理选择烤制时间。

  A. 设置标准 B. 最高温度 C. 预计要求 D. 工艺要求

71. 面包烘烤温度确定后，要根据某种食品的工艺要求（　　）烤制时间。

  A. 随意调整 B. 不能改变 C. 随意选择 D. 合理选择

72. 油脂的质量是保证油炸面包质量的重要因素，油炸面包的油脂应先（　　）。

  A. 冷藏 B. 低温 C. 预热 D. 高温

73. 油脂的质量是保证油炸面包质量的重要因素，油炸面包应该使用（　　）。

  A. 起酥油 B. 氢化油 C. 植物油 D. 猪油

74. 油炸面包一般时间控制在（　　）min，正常吸油率在15％～20％。

  A. 4～5 B. 3～4 C. 2～3 D. 1～2

75. 油炸面包一般时间控制在1～2 min，正常吸油率在（　　）。

A. 45%～50%　　　B. 35%～40%　　　C. 25%～30%　　　D. 15%～20%

76.（　　）小麦面粉是制作面包的主要原料。

A. 低筋　　　　　B. 中筋　　　　　C. 高筋　　　　　D. 混合

77.（　　）是专门做油炸制品的设备，一般具有油温自动控制系统。

A. 油炸锅　　　　B. 料理锅　　　　C. 火锅　　　　　D. 不粘锅

蛋糕制作

一、判断题（将判断结果填入括号中。正确的填"√"，错误的填"×"）

1. 海绵蛋糕又称戚风蛋糕，是清蛋糕类中最常见的品种之一。　　　　　　　　（　　）

2. 油脂蛋糕是制品中含有较多油脂的一类松软制品，可分为重油蛋糕和轻油蛋糕。

（　　）

3. 用搅拌机制作清蛋糕面糊，应选择圆球形搅拌器，以便空气大量充入。（　　）

4. 海绵蛋糕会膨松主要靠的是蛋黄搅打的起泡作用。　　　　　　　　　　（　　）

5. 油脂蛋糕的膨松主要是原料中的奶油具有粘毡性，能在搅打中充入大量空气，产生气泡。

（　　）

6. 海绵蛋糕是用全蛋、糖搅打再与面粉混合一起制成的膨松制品。　　　　（　　）

7. 蛋糕的全蛋搅拌法是将糖与全蛋液一起搅打体积增大三倍左右，加入过筛面粉成面糊的工艺方法。

（　　）

8. 制作海绵蛋糕应选用低筋粉，其蛋白质含量低，形成面筋质的机会小，能确保成品的膨松。

（　　）

9. 制作海绵蛋糕使用的鸡蛋要新鲜，新鲜鸡蛋的胶体浓度低，能更好地与空气相结合。

（　　）

10. 油脂蛋糕根据投料顺序不同可分为油糖搅拌法、蛋粉搅拌法和全料搅拌法。（　　）

11. 油脂蛋糕的油糖搅拌法是先将油脂和糖充分搅拌，让油脂中充入大量空气而膨胀。

（　　）

12. 油脂蛋糕的粉油搅拌法是先将面粉、油脂搅拌均匀，而后再依次投放其他原料的方法。   （   ）

13. 对配方内中等油脂成分的油性蛋糕，可使用油糖搅拌法，以利获取更多的膨大的气体。   （   ）

14. 用于制作圆形装饰蛋糕的海绵蛋糕坯模具一般有固定式底板和脱卸式底板两种。   （   ）

15. 海绵蛋糕面糊入模的填充量一般以模具的 60%～70% 为宜。   （   ）

16. 制作油脂含量高，不易成熟的蛋糕时，选择的模具不宜过高、过大。（   ）

17. 油脂蛋糕面糊在成熟过程中不会继续膨发，所以蛋糕面糊填充量可以很多，面糊不会溢出模具。   （   ）

18. 采用浇注灌模成形油脂蛋糕，半成品表面一定要抹平，否则影响制品美观。（   ）

19. 观察海绵蛋糕色泽是否达到制品要求的方法是色泽均匀，顶部塌陷或不隆起。   （   ）

20. 检验清蛋糕成熟可用竹签或牙签插入蛋糕中央，拔出后不黏附面糊，则表明已成熟。   （   ）

21. 油脂蛋糕成熟后成品色泽为浅黄色，不生不煳，起发正常，表面平整。（   ）

22. 为了防止油脂蛋糕成熟后形状受损，应在烤盘内或模具内涂一层油脂。（   ）

23. 油脂蛋糕的浇注灌模是将面糊装入裱花袋，然后把面糊挤入模具中。（   ）

24. 不同性质、不同大小的清蛋糕制品，可以在同一烤盘、同一烤箱内烘烤。（   ）

25. 影响清蛋糕制品成熟的因素很多，其中以烤炉的温度和烘烤时间最为重要。（   ）

26. 使用不粘胶垫烘烤蛋糕卷时，由于不粘胶垫的阻热性，需要烤箱底火略低些。   （   ）

27. 清蛋糕制品出炉后，应立即翻转过来，放置在蛋糕网架上，防止蛋糕过度收缩。   （   ）

28. 制作清蛋糕面糊的面粉应用低筋粉，或在中筋面粉中添加玉米淀粉。（   ）

29. 重油脂蛋糕的油脂用量一般为面粉的 40%～100%。   （   ）

30. 重油脂蛋糕的油脂用量一般为面粉的 30%～60%。   （   ）

31. 搅拌全蛋蛋糕面糊时，面粉加入后不要用力搅拌，以防面糊"起筋"影响制品松软度。

32. 使用油糖搅拌法制作的油脂蛋糕体积大、组织坚实。 （　　）

33. 制作薄片状卷制蛋糕坯的清蛋糕，烤盘内应垫烘烤纸，以便制品成熟后倒出烤盘。

（　　）

34. 油脂蛋糕的浇注灌模主要用于较小模具的制品，可将面糊直接倒入模具中。（　　）

35. 海绵蛋糕制品的烘烤温度和时间，与制品面糊中含糖量有关。 （　　）

36. 油脂蛋糕烘烤成熟的时间根据制品的大小、厚薄而定，一般在 60～120 min 左右。

（　　）

37. 蛋糕根据用料和加工工艺分为清蛋糕、油蛋糕两大类。 （　　）

二、单项选择题（选择一个正确的答案，将相应的字母填入题内的括号中）

1. 蛋糕根据用料和加工工艺分为清蛋糕、（　　）两大类。

　　A. 油蛋糕　　　　　B. 海绵蛋糕　　　　　C. 戚风蛋糕　　　　　D. 天使蛋糕

2. 蛋糕根据用料和加工工艺分为（　　）、油蛋糕两大类。

　　A. 清蛋糕　　　　　B. 海绵蛋糕　　　　　C. 杏仁蛋糕　　　　　D. 水果蛋糕

3. 海绵蛋糕又称（　　），是清蛋糕中最常见的品种之一。

　　A. 无油蛋糕　　　　B. 戚风蛋糕　　　　　C. 乳沫蛋糕　　　　　D. 油脂蛋糕

4. 海绵蛋糕又称乳沫蛋糕，是（　　）中最常见的品种之一。

　　A. 白帽蛋糕　　　　B. 裱花蛋糕　　　　　C. 清蛋糕　　　　　　D. 油蛋糕

5. 油脂蛋糕是制品中含有较多油脂的一类（　　），可分为重油蛋糕和轻油蛋糕。

　　A. 坚硬制品　　　　B. 松软制品　　　　　C. 脆皮制品　　　　　D. 装饰制品

6. 油脂蛋糕是制品中含有（　　）的一类松软制品。可分为重油蛋糕和轻油蛋糕。

　　A. 很多油脂　　　　B. 较多油脂　　　　　C. 较多面粉　　　　　D. 很多面粉

7. 用搅拌机制作清蛋糕面糊，应选择（　　）搅拌器，以利于空气大量充入。

　　A. 扁平形　　　　　B. 圆球形　　　　　　C. 钩形　　　　　　　D. 爪形

8. 用搅拌机制作清蛋糕面糊，应选择圆球形搅拌器，以利于（　　）大量充入。

　　A. 油脂　　　　　　B. 空气　　　　　　　C. 面粉　　　　　　　D. 乳化剂

9. 海绵蛋糕会膨松主要是靠蛋清搅打的（　　）而形成的。

　　A. 起泡作用　　　　B. 乳化作用　　　　C. 黏稠作用　　　　D. 碳化作用

10. 海绵蛋糕会膨松主要是靠蛋清（　　）的起泡作用而形成的。

　　A. 乳化　　　　　B. 碳化　　　　　C. 加热　　　　　D. 搅打

11. 油脂蛋糕的膨松主要是原料中的奶油具有（　　），能在搅打中充入大量空气，产生气泡。

　　A. 润滑性　　　　B. 融合性　　　　C. 乳化性　　　　D. 凝固性

12. 油脂蛋糕的（　　）主要是原料中的奶油具有融合性，能在搅打中充入大量空气，产生气泡。

　　A. 酥松　　　　　B. 膨松　　　　　C. 绵软　　　　　D. 粘黏

13. 海绵蛋糕是用（　　）、糖搅打再与面粉混合一起制成的膨松制品。

　　A. 蛋清　　　　　B. 蛋黄　　　　　C. 油脂　　　　　D. 全蛋

14. 海绵蛋糕是用全蛋、糖搅打再与（　　）混合一起制成的膨松制品。

　　A. 盐　　　　　　B. 植物油　　　　C. 奶油　　　　　D. 面粉

15. 蛋糕的全蛋搅拌法是将糖与全蛋液一起搅打，至体积增大（　　）倍左右，加入过筛面粉成面糊的工艺方法。

　　A. 一　　　　　　B. 两　　　　　　C. 三　　　　　　D. 四

16. 蛋糕的全蛋搅拌法是将糖与全蛋液一起搅打，至体积增大三倍左右，加入过筛（　　）成面糊的工艺方法。

　　A. 油脂　　　　　B. 泡打粉　　　　C. 面粉　　　　　D. 乳化剂

17. 制作海绵蛋糕应选用（　　），其蛋白质含量低，形成面筋质的机会小，能确保成品的膨松。

　　A. 低筋粉　　　　B. 中筋粉　　　　C. 高筋粉　　　　D. 全麦粉

18. 制作海绵蛋糕应选用低筋粉，其蛋白质含量低，形成面筋质的机会小，能确保成品的（　　）。

　　A. 膨松　　　　　B. 酥松　　　　　C. 坚硬　　　　　D. 粘黏

19. 制作海绵蛋糕使用的鸡蛋要新鲜，新鲜鸡蛋的胶体（　　），能更好地与空气相结合。

A. 黏度低   B. 黏度高   C. 浓度低   D. 浓度高

20. 制作海绵蛋糕使用的鸡蛋要新鲜，新鲜鸡蛋的胶体浓度高，能更好地与（ ）相结合。

     A. 油脂   B. 热气   C. 砂糖   D. 空气

21. 油脂蛋糕根据投料顺序不同可分为（ ）搅拌法、蛋糖搅拌法、全料搅拌法。

     A. 油糖   B. 油蛋   C. 粉糖   D. 粉蛋

22. 油脂蛋糕根据投料顺序不同可分为油糖搅拌法、蛋糖搅拌法、（ ）搅拌法。

     A. 全料   B. 油蛋   C. 粉糖   D. 粉蛋

23. 油脂蛋糕的油糖搅拌法是先将（ ）充分搅拌，让油脂中充入大量空气而膨胀。

     A. 油脂和面粉   B. 油脂和糖   C. 油脂和鸡蛋   D. 面粉和糖

24. 油脂蛋糕的油糖搅拌法是先将油脂和糖充分搅拌，让（ ）中充入大量空气而膨胀。

     A. 面粉   B. 油脂   C. 糖   D. 鸡蛋

25. 油脂蛋糕的粉油搅拌法是先将（ ）搅拌均匀，而后再依次投放其他原料的方法。

     A. 油脂和鸡蛋   B. 油脂和糖   C. 油脂和面粉   D. 面粉和糖

26. 油脂蛋糕的（ ）是先将面粉、油脂搅拌均匀，而后再依次投放其他原料的方法。

     A. 油糖搅拌法   B. 蛋糖搅拌法   C. 粉油搅拌法   D. 蛋油搅拌法

27. 对油脂含量（ ）的油性蛋糕，可使用油糖搅拌法。

     A. 中等   B. 较高   C. 很低   D. 很高

28. 对于油脂含量较少的油脂蛋糕宜采用（ ）搅拌法。

     A. 油糖   B. 蛋糖   C. 全料   D. 蛋油

29. 用于制作圆形装饰蛋糕的海绵蛋糕坯模具一般有（ ）底板和脱卸式底板两种。

     A. 凹凸式   B. 齿轮式   C. 固定式   D. 网格式

30. 用于制作圆形装饰蛋糕的海绵蛋糕坯模具一般有固定式底板和（ ）底板两种。

     A. 凹凸式   B. 齿轮式   C. 脱卸式   D. 网格式

31. 海绵蛋糕面糊入模的填充量一般以模具的（　　）为宜，坯料过少，水分会挥发过多。

    A. 70%～80%　　　B. 60%～70%　　　C. 50%～60%　　　D. 40%～50%

32. 海绵蛋糕面糊入模的填充量一般以模具的 70%～80% 为宜，坯料过少，（　　）会挥发过多。

    A. 水分　　　　　B. 空气　　　　　C. 二氧化碳　　　D. 热量

33. 制作油脂含量高、不易成熟的蛋糕时，选择的模具不宜（　　）。

    A. 过薄、过大　　B. 过深、过厚　　C. 较低、较小　　D. 过高、过大

34. 制作油脂含量高、不易成熟的蛋糕时，选择的模具（　　）过高、过大。

    A. 应该　　　　　B. 必须　　　　　C. 可以　　　　　D. 不宜

35. 油脂蛋糕面糊在成熟过程中仍（　　），如果蛋糕面糊填充量过多，加热后易使面糊溢出模具。

    A. 继续膨发　　　B. 停止膨发　　　C. 很少膨发　　　D. 较少膨发

36. 油脂蛋糕面糊在成熟过程中仍继续膨发，如果蛋糕面糊填充量过多，（　　）后易使面糊溢出模具。

    A. 加热　　　　　B. 填制　　　　　C. 冷却　　　　　D. 冷藏

37. 采用浇注灌模成形油脂蛋糕，半成品表面一定要（　　），否则影响制品美观。

    A. 压紧　　　　　B. 抹平　　　　　C. 装饰　　　　　D. 松软

38. 采用浇注灌模成形油脂蛋糕，半成品表面一定要抹平，否则影响制品（　　）。

    A. 口感　　　　　B. 美观　　　　　C. 色泽　　　　　D. 成熟

39. 观察海绵蛋糕色泽是否达到制品要求的方法是色泽（　　），顶部不塌陷或隆起。

    A. 由深至浅　　　B. 斑马条状　　　C. 均匀　　　　　D. 由浅至深

40. 观察海绵蛋糕色泽是否达到制品要求的方法是色泽均匀，（　　）或隆起。

    A. 底部有空洞　　B. 顶部有空洞　　C. 顶部不塌陷　　D. 底部不塌陷

41. 检验清蛋糕是否成熟可用竹签或牙签插入蛋糕（　　），拔出后不黏附面糊，则表明已成熟。

    A. 边缘　　　　　B. 中央　　　　　C. 面部　　　　　D. 底部

42. 检验清蛋糕是否成熟可用（　　）插入蛋糕中央，拔出后不黏附面糊，则表明已成熟。

    A. 木块或铁条　　　B. 竹签或牙签　　　C. 刮刀或锯刀　　　D. 铁条或分刀

43. 油脂蛋糕成熟后成品色泽为（　　），不生不煳，起发正常，表面饱满。

    A. 浅黄色　　　　　B. 深黄色　　　　　C. 浅棕色　　　　　D. 深棕色

44. 油脂蛋糕成熟后成品色泽为深黄色，（　　），起发正常，表面饱满。

    A. 外焦内软　　　　B. 不生不煳　　　　C. 外脆内酥　　　　D. 又酥又松

45. 为了防止油脂蛋糕成熟后形状受损，应在烤盘内或模具内涂一层（　　）。

    A. 水　　　　　　　B. 蛋液　　　　　　C. 油脂　　　　　　D. 面粉

46. 为了防止油脂蛋糕成熟后（　　），应在烤盘内或模具内涂一层油脂。

    A. 色泽过浅　　　　B. 色泽过深　　　　C. 形状受损　　　　D. 形态变形

47. 油脂蛋糕的（　　）是将面糊装入裱花袋，然后把面糊挤入模具中。

    A. 浇注灌模　　　　B. 挤制灌模　　　　C. 捏制灌模　　　　D. 揉制灌模

48. 油脂蛋糕的挤制灌模是将面糊装入裱花袋，然后把面糊（　　）模具中。

    A. 捏入　　　　　　B. 挤入　　　　　　C. 倒入　　　　　　D. 灌入

49. （　　）、不同大小的清蛋糕制品，不可在同一烤盘、同一烤箱内烘烤。

    A. 相同原料　　　　B. 相同厚薄　　　　C. 相同性质　　　　D. 不同性质

50. 不同性质、不同大小的清蛋糕制品，（　　）在同一烤盘、同一烤箱内烘烤。

    A. 可随意　　　　　B. 必须　　　　　　C. 可以　　　　　　D. 不可

51. 烘烤清蛋糕制品之前，（　　）应预热，蛋糕放入烤炉时能达到相应的烘烤温度。

    A. 模具　　　　　　B. 面糊　　　　　　C. 烤炉　　　　　　D. 烤盘

52. 烘烤清蛋糕制品之前，烤炉应预热，蛋糕放入烤炉时能（　　）相应的烘烤温度。

    A. 高于　　　　　　B. 小于　　　　　　C. 达到　　　　　　D. 超过

53. 影响清蛋糕制品成熟的因素很多，其中烤炉的温度和（　　）最为重要。

    A. 内部原料　　　　B. 炉内湿度　　　　C. 烘烤时间　　　　D. 制品表面

54. 影响清蛋糕制品成熟的因素很多，其中烤炉的温度和烘烤时间（　　）。

    A. 最不重要　　　　B. 不能变动　　　　C. 最为重要　　　　D. 随意调整

55. 使用不粘胶垫烘烤蛋糕卷时，由于不粘胶垫的（　　），就需要烤箱底火略高些。

　　A. 辐射性　　　　B. 防火性　　　　C. 传热性　　　　D. 阻热性

56. 使用不粘胶垫烘烤蛋糕卷时，由于不粘胶垫的阻热性，就需要烤箱（　　）些。

　　A. 面火降低　　　B. 底火略低　　　C. 面火加高　　　D. 底火略高

57. 检验清蛋糕是否成熟可用手指压下蛋糕中央，压下去的部分（　　），表示蛋糕已经成熟。

　　A. 马上弹回　　　B. 固定不变　　　C. 凹陷下去　　　D. 流出蛋液

58. 检验清蛋糕是否成熟可用手指压下蛋糕中央，压下去的部分马上弹回，表示蛋糕（　　）。

　　A. 已经成熟　　　B. 即将成熟　　　C. 没有成熟　　　D. 过度成熟

59. 清蛋糕制品出炉后，应立即翻转过来，放置在（　　），防止蛋糕过度收缩。

　　A. 蛋糕网架上　　B. 操作台上　　　C. 烤盘内　　　　D. 冷冻冰箱内

60. 清蛋糕制品出炉后，应立即翻转过来，放置在蛋糕网架上，防止蛋糕（　　）。

　　A. 过度收缩　　　B. 过度膨胀　　　C. 水分流失　　　D. 水气散失

61. 制作清蛋糕面糊的面粉应用（　　），或在中筋面粉中添加玉米淀粉。

　　A. 高筋粉　　　　B. 中筋粉　　　　C. 低筋粉　　　　D. 全麦粉

62. 制作清蛋糕面糊的面粉应用低筋粉，或在中筋面粉中添加（　　）。

　　A. 大米米粉　　　B. 小米米粉　　　C. 玉米淀粉　　　D. 糯米米粉

63. 重油脂蛋糕的油脂用量一般为面粉的（　　）。

　　A. 40%～100%　　B. 40%～90%　　C. 40%～80%　　D. 40%～70%

64. 重油脂蛋糕的油脂用量一般为（　　）的 40%～100%。

　　A. 面粉　　　　　B. 砂糖　　　　　C. 鸡蛋　　　　　D. 水果

65. 搅拌全蛋蛋糕面糊时，面粉加入后不要用力搅拌，以防面糊（　　），影响制品松软度。

　　A. 起发　　　　　B. 柔软　　　　　C. 膨发　　　　　D. 起筋

66. 搅拌全蛋蛋糕面糊时，面粉加入后不要用力搅拌，以防面糊起筋，影响制品（　　）。

　　A. 细腻度　　　　　B. 紧密度　　　　　C. 酥松度　　　　　D. 松软度

67. 使用油糖搅拌法制作的油脂蛋糕体积大、组织（　　　）。

　　A. 松软　　　　　　B. 坚实　　　　　　C. 酥松　　　　　　D. 坚硬

68. 使用（　　　）制作的油脂蛋糕体积大、组织松软。

　　A. 油糖搅拌法　　　B. 加水搅拌法　　　C. 蛋粉搅拌法　　　D. 蛋油搅拌法

69. 制作（　　　）卷制蛋糕坯的清蛋糕，烤盘内应垫烘烤纸，以便制品成熟后倒出烤盘。

　　A. 厚块状　　　　　B. 薄片状　　　　　C. 圆柱状　　　　　D. 梅花状

70. 制作薄片状卷制蛋糕坯的清蛋糕，烤盘内应（　　　），以便制品成熟后倒出烤盘。

　　A. 放饼干碎　　　　B. 刷植物油　　　　C. 垫烘烤纸　　　　D. 刷黄油

71. 油脂蛋糕中油脂含量较高，制品（　　　）成熟，就不宜选择过大、过高的模具。

　　A. 不易　　　　　　B. 容易　　　　　　C. 较快　　　　　　D. 不会

72. 油脂蛋糕的整体形状是由（　　　）决定的。

　　A. 模具质量　　　　B. 模具材质　　　　C. 模具软硬　　　　D. 模具形态

73. 海绵蛋糕制品的烘烤温度和时间，与制品面糊中含糖量有关，含糖量高的蛋糕比含糖量低的蛋糕烘烤温度（　　　）。

　　A. 低些　　　　　　B. 高些　　　　　　C. 相同　　　　　　D. 低很多

74. 海绵蛋糕制品的烘烤温度和时间，与制品的形状、大小、厚薄有密切的关系。制品（　　　），烘烤温度越低。

　　A. 越大　　　　　　B. 越小　　　　　　C. 越薄　　　　　　D. 越细

75. 油脂蛋糕烘烤成熟的时间根据制品的大小、厚薄而定，一般大而厚的制品烘烤（　　　）。

　　A. 时间长　　　　　B. 时间短　　　　　C. 很短暂　　　　　D. 任意烤

76. 油脂蛋糕烘烤成熟的时间根据制品的大小、厚薄而定，一般小而薄的制品烘烤（　　　）。

　　A. 时间短　　　　　B. 时间长　　　　　C. 任意烤　　　　　D. 几秒钟

果冻制作

一、判断题（将判断结果填入括号中。正确的填"√"，错误的填"×"）

1. 果冻是用果冻粉或鱼胶、水或果汁、糖、水果等调制而成的。 　　　　　　（　　）

2. 鱼胶是动物胶，也称为结利、全利，有片状和粉状两种。 　　　　　　　（　　）

3. 鱼胶与琼脂都可以用来制作冻品类点心，琼脂是动物胶。 　　　　　　　（　　）

4. 鱼胶片与鱼胶粉的功效相同，在室温低的情况下需用开水浸软，以免不溶化于水中。
　　　　　　　　　　　　　　　　　　　　　　　　　　　　　　　　　（　　）

5. 果冻定型的温度一般是0～4℃。一般来讲，温度越低，果冻定型所需时间也就越短。
　　　　　　　　　　　　　　　　　　　　　　　　　　　　　　　　　（　　）

6. 电冰箱是现代西点制作的主要设备，按用途分有保鲜冷藏冰箱和低温冷冻冰箱。
　　　　　　　　　　　　　　　　　　　　　　　　　　　　　　　　　（　　）

7. 为了提高果冻制品的营养价值和观赏价值，往往在制作时加入大量的水果丁。
　　　　　　　　　　　　　　　　　　　　　　　　　　　　　　　　　（　　）

8. 酸性物质，如柠檬汁、酸性剂等对鱼胶凝固有破坏作用。 　　　　　　　（　　）

9. 果冻类甜点是直接入口的食品，要保证所用模具干净卫生，防止污染。 　（　　）

10. 制作水果果冻，尽量少用或不用含酸性物质多的水果。 　　　　　　　（　　）

11. 制作果冻所用的水果丁，使用前应浸泡在水中，以保证成品的品质。 　（　　）

12. 果冻制作时内部放置的水果丁要求浮在上面。 　　　　　　　　　　　（　　）

13. 果冻制作时加入的水果丁要适量，过多、过少都会影响成品的质量。 　（　　）

14. 果冻类冷冻甜点是部分靠鱼胶的凝固作用凝固而成的。 　　　　　　　（　　）

15. 一般情况下，鱼胶用量占全部液体浓度5％时，才能使液体基本凝固。 （　　）

16. 果冻液倒入模具时，表面应避免起泡沫，否则冷却后影响成品的美观。 （　　）

17. 制作果冻时，应选用开口大的模具。 　　　　　　　　　　　　　　　（　　）

18. 脱模后的果冻，应盛放于经过清洗及擦干的餐盘上。 　　　　　　　　（　　）

19. 果冻不宜放置在0℃以下的冰箱内，因为低温冷却会使果冻结冰，失去果冻原有的品质。   （   ）

20. 果冻脱模时，用热水浸一下模具即可倒出。   （   ）

21. 选用新鲜的菠萝等酸性水果制作果冻时，应将水果加热 2 min 后使用。（   ）

22. 果冻制作的水果丁需待果冻液冷却至室温后拌入，然后再入冰箱冷却。（   ）

23. 果冻从模具中倒出，放置甜食盘上，用干水果加以装饰美化后即为成品。（   ）

24. 果冻属于西式面点中冷冻甜点的一种，它不含乳及脂肪。   （   ）

二、单项选择题（选择一个正确的答案，将相应的字母填入题内的括号中）

1. 果冻属于西式面点中（   ）的一种，它不含乳及脂肪。

　A. 热制甜点　　　B. 冷冻甜点　　　C. 烫制甜点　　　D. 冰激凌

2. 果冻属于西式面点中冷冻甜点的一种，它不含（   ）。

　A. 维生素及脂肪　　　　　　　　B. 乳及脂肪

　C. 糖及脂肪　　　　　　　　　　D. 果汁及脂肪

3. 果冻是用果冻粉或鱼胶、（   ）、糖、水果等调制而成的。

　A. 牛奶或果汁　B. 水或牛奶　　C. 水或果汁　　D. 牛奶或奶油

4. 果冻是用果冻粉或（   ）、水或果汁、糖、水果等调制而成的。

　A. 生粉　　　　B. 淀粉　　　　C. 鱼胶　　　　D. 肉冻

5. 鱼胶是（   ），也称为明胶、结利、全利，有片状和粉状两种。

　A. 动物胶　　　B. 植物胶　　　C. 菌类胶　　　D. 化学合成胶

6. 鱼胶是动物胶，也称为明胶、结利、全利，有（   ）和粉状两种。

　A. 胶囊状　　　B. 粉团状　　　C. 大块状　　　D. 片状

7. 鱼胶与琼脂都可以用来制作冻品类点心，琼脂是（   ）。

　A. 动物胶　　　B. 菌类胶　　　C. 植物胶　　　D. 化学合成胶

8. 鱼胶与琼脂都可以用来制作冻品类点心，（   ）是植物胶。

　A. 鱼胶　　　　B. 明矾　　　　C. 琼脂　　　　D. 乳化剂

9. 鱼胶片与鱼胶粉的功效相同，室温高时需用（   ）浸软，以免溶化于水中。

　A. 开水　　　　B. 温水　　　　C. 常温水　　　D. 冰水

10. 鱼胶片与鱼胶粉的功效相同，（   ）时需用冰水浸软，以免溶化于水中。

A. 糖度低   B. 糖度高   C. 室温低   D. 室温高

11. 果冻定型的温度一般是（   ），一般来说，温度越低，果冻定型所需时间也就越短。

A. −18～10℃   B. −5～0℃

C. 0～4℃   D. 4～8℃

12. 果冻定型的温度一般是 0～4℃。一般来说，（   ），果冻定型所需时间也就越短。

A. 湿度越高   B. 温度越高   C. 温度越低   D. 湿度越低

13. 电冰箱是现代西点制作的主要设备，保鲜冰箱通常用来存放成熟食品和（   ）。

A. 工具器具   B. 食用冰块   C. 食物原料   D. 植脂奶油

14. 电冰箱是现代西点制作的主要设备，低温冷冻冰箱通常用来存放需要冷冻的（   ）和成熟食品。

A. 器具   B. 鲜奶油   C. 原料   D. 奶酪

15. 为了提高果冻制品营养价值和（   ），往往在制作时加入适量的水果丁。

A. 稠度   B. 口味特点   C. 美观效果   D. 制品重量

16. 为了提高果冻制品营养价值和口味特点，往往在制作中加入适量的（   ）。

A. 红色素   B. 水果丁   C. 巧克力   D. 蛋黄

17. 酸性物质对鱼胶凝固有（   ）。

A. 保护作用   B. 破坏作用   C. 凝散作用   D. 乳化作用

18. 果冻类甜点是直接入口的食品，要保证所用模具（   ），防止污染。

A. 预先烘烤   B. 预先冷冻   C. 冲洗干净   D. 清洁卫生

19. 制作果冻所使用的水果，尽量少用或不用含（   ）多的品种，必要时可将此类水果蒸煮几分钟后使用。

A. 酸性物质   B. 碱性物质   C. 中性物质   D. 强碱物质

20. 制作果冻所使用的水果，尽量少用或不用含酸性物质多的品种，必要时可将此类水果（   ）几分钟后使用。

A. 蒸煮   B. 冰水冻   C. 温水浸   D. 冷水浸

21. 制作果冻所用的水果丁，使用前应（   ），以保证成品的品质。

A. 浸泡水中　　　　B. 沥干水分　　　　C. 油料拌匀　　　　D. 油中浸泡

22. 制作果冻所用的水果要新鲜、卫生，水果丁大小要均匀，颜色要（　　　）。

A. 非常鲜艳　　　　B. 搭配合适　　　　C. 大红大绿　　　　D. 暗色为主

23. 果冻制作时内部放置水果丁要求（　　　）。

A. 放在中间　　　　B. 沉在底部　　　　C. 浮在上面　　　　D. 分布均匀

24. 果冻制作时内部放置（　　　）要求分布均匀。

A. 坚果粉　　　　　B. 坚果丁　　　　　C. 水果粉　　　　　D. 水果丁

25. 果冻制作时，一定要在果冻液体（　　　）后，再加入水果丁。

A. 开始冷却　　　　B. 完全沸腾　　　　C. 完全冷却　　　　D. 刚刚烧开

26. 果冻制作时，一定要在（　　　）完全冷却后，再加入水果丁。

A. 鱼胶溶液　　　　B. 鲜奶液体　　　　C. 果冻液体　　　　D. 牛奶液体

27. 果冻类冷冻甜点是（　　　）靠鱼胶的凝固作用凝固而成的。

A. 完全不　　　　　B. 小部分　　　　　C. 大部分　　　　　D. 完全

28. 果冻类冷冻甜点是完全靠鱼胶的（　　　）作用凝固而成的。

A. 乳化　　　　　　B. 融化　　　　　　C. 液化　　　　　　D. 凝固

29. 一般情况下，鱼胶用量占全部液体浓度（　　　）时，才能使液体基本凝固。

A. 2%　　　　　　 B. 4%　　　　　　 C. 6%　　　　　　 D. 8%

30. 一般情况下，鱼胶用量占全部液体浓度2%时，才能使液体（　　　）。

A. 基本凝固　　　　B. 完全凝固　　　　C. 完全乳化　　　　D. 基本乳化

31. 果冻液倒入模具时，表面如有（　　　）应撇出，否则冷却后影响成品的美观。

A. 结块　　　　　　B. 结晶　　　　　　C. 泡沫　　　　　　D. 乳液

32. 果冻液倒入模具时，表面如有泡沫应撇出，否则冷却后影响成品的（　　　）。

A. 口感　　　　　　B. 凝固　　　　　　C. 美观　　　　　　D. 造型

33. 制作果冻应选用（　　　）的模具。

A. 开口大　　　　　B. 开口小　　　　　C. 底部厚　　　　　D. 底部薄

34. 果冻类甜点是（　　　）的食品，要保证所用的模具卫生安全。

A. 直接入口　　　　B. 间接入口　　　　C. 烘烤成熟　　　　D. 蒸煮成熟

35. 脱模后的果冻，应盛放于经过清洗及（　　）的餐盘上。

　　A. 擦干　　　　　B. 消毒　　　　　C. 烫热　　　　　D. 烤热

36. 脱模后的果冻，应盛放于经过（　　）及消毒的餐盘上。

　　A. 抹油　　　　　B. 清洗　　　　　C. 烫热　　　　　D. 烤热

37. 果冻不宜放置在（　　）的冰箱内，因为低温冷却会使果冻结冰，失去果冻原有的品质。

　　A. 8℃以下　　　B. 0℃以下　　　C. 0℃以上　　　D. 10℃以下

38. 果冻不宜放置在0℃以下的冰箱内，因为低温冷却会使果冻结冰，失去果冻（　　）。

　　A. 原有的果汁　　B. 原有的品质　　C. 原有的糖分　　D. 原有的水分

39. 果冻中的水果丁使用前要（　　），因为水分过多会稀释液体，延长凝固时间。

　　A. 甩干水分　　　B. 烤干水分　　　C. 沥干水分　　　D. 挤干水分

40. 果冻中的水果丁使用前要沥干水分，因为水分过多会稀释液体，（　　）时间。

　　A. 缩短凝固　　　B. 延长乳化　　　C. 延长凝固　　　D. 缩短乳化

41. 果冻脱模时，用（　　）一下模具即可倒出。

　　A. 冰水冲　　　　B. 冷水冲　　　　C. 温水冲　　　　D. 热水冲

42. 果冻脱模时，用热水冲一下（　　）即可倒出。

　　A. 冰箱　　　　　B. 表面　　　　　C. 果冻　　　　　D. 模具

43. 选用新鲜的（　　）等酸性水果制作果冻时，应将水果加热2 min后使用。

　　A. 菠萝　　　　　B. 苹果　　　　　C. 橘子　　　　　D. 葡萄

44. 选用新鲜的菠萝等酸性水果制作果冻时，应将水果加热（　　）min后使用。

　　A. 2　　　　　　B. 5　　　　　　C. 10　　　　　　D. 20

45. 果冻制作的（　　）在拌入果冻液后需冷却至室温时，可入冰箱冷却。

　　A. 巧克力　　　　B. 水果丁　　　　C. 色素　　　　　D. 香精

46. 果冻制作的水果丁在拌入果冻液后需冷却至（　　）时，可入冰箱冷却。

　　A. 乳化　　　　　B. 室温　　　　　C. 坚硬　　　　　D. 冰点

47. 果冻从模具中倒出，放置甜食盘上，用（　　）加以装饰美化后即为成品。

A. 色素　　　　B. 鲜菜　　　　C. 鲜水果　　　　D. 鲜花

48. 果冻从模具中（　　），放置甜食盘上，用鲜水果加以装饰美化后即为成品。

A. 甩出　　　　B. 拿出　　　　C. 倒出　　　　D. 钦紧

49. （　　）对鱼胶凝固有破坏作用，如柠檬汁、酸性剂等。

A. 碱性物质　　B. 酸性物质　　C. 中性物质　　D. 盐性物质

第4部分

操作技能复习题

◆ 混酥类糕点制作 ◆

一、柠檬塔制作（试题代码①：1.1.2；考核时间：35 min）

1. 试题单

（1）操作条件

1）面粉、黄油、糖、鸡蛋、盐等混酥面制作原料（考生自备制作 6 只柠檬塔原料量）。

2）柠檬、砂糖、奶油、蛋黄等制作柠檬馅心（考生自备制作 6 只柠檬塔原料量）。

3）制作工具：擀面棍 1 根、塔模 6 只。

4）烤制设备：烤箱 1 台、烤盘 1 只。

（2）操作内容

1）调制混酥面团。

2）制作柠檬塔坯。

3）调制柠檬馅。

4）制作柠檬塔 6 只，约 65 g/只。

（3）操作要求

---

① 试题代码表示该试题在鉴定方案《考核项目表》中的所属位置。左起第一位表示项目号，第二位表示单元号，第三位表示在该项目、单元下的第几个试题。

1) 色泽：表面淡黄色、色泽均匀、无焦色。

2) 形态：圆形塔状。

3) 口感：柠檬味、甜度适中。

4) 火候：表面无焦点、底火无焦黑。

5) 质感：塔底坯酥松、馅心软、糯。

6) 所做品种送评数量不足，此品种评定为 D。

2. 评分表

试题代码及名称			1.1.2　柠檬塔制作		考核时间				35 min	
评价要素	配分	等级	评分细则		评定等级					得分
					A	B	C	D	E	
1	色泽 (1) 淡黄色 (2) 色泽均匀 (3) 表面光亮	3	A	符合评价要素三点						
			B	符合评价要素二点						
			C	符合评价要素一点						
			D	出品不符合上述评价要素						
			E	未答题						
2	形态 (1) 圆形塔状 (2) 大小均匀 (3) 端正无缺损	3	A	符合评价要素三点						
			B	符合评价要素二点						
			C	符合评价要素一点						
			D	出品不符合上述评价要素						
			E	未答题						
3	口味 (1) 柠檬味 (2) 甜度适中 (3) 口感细腻	3	A	符合评价要素三点						
			B	符合评价要素二点						
			C	符合评价要素一点						
			D	出品不符合上述评价要素						
			E	未答题						
4	火候 (1) 面火无焦点 (2) 底火无焦黑 (3) 底火色泽均匀	3	A	符合评价要素三点						
			B	符合评价要素二点						
			C	符合评价要素一点						
			D	出品不符合上述评价要素						
			E	未答题						

试题代码及名称			1.1.2 柠檬塔制作		考核时间				35 min
评价要素		配分	等级	评分细则	评定等级				得分
					A	B	C	D	E
5	质感 （1）塔底坯酥松 （2）馅料软 （3）糯	3	A	符合评价要素三点					
			B	符合评价要素二点					
			C	符合评价要素一点					
			D	出品不符合上述评价要素					
			E	未答题					
合计配分		15		合计得分					

等级	A（优）	B（良）	C（及格）	D（差）	E（未答题）
比值	1.0	0.8	0.6	0.2	0

"评价要素"得分＝配分×等级比值。

评分细则参考答案：（尽量将细则内容写在上面的表格内，写不下可另写，但要具体可评判）。

备注：（1）所做品种送评6只，数量不足此品种评定为D。

（2）送评品种与考核品种不符，此品种评定为D。

二、栗子塔制作（试题代码：1.1.3；考核时间：35 min）

1. 试题单

（1）操作条件

1）面粉、黄油、糖、鸡蛋、盐等混酥面制作原料（考生自备制作6只栗子塔原料量）。

2）栗子、砂糖、奶油等制作栗子馅心（考生自备制作6只栗子塔原料量）。

3）制作工具：擀面棍1根、塔模6只。

4）烤制设备：烤箱1台、烤盘1只。

（2）操作内容

1）调制混酥面团。

2）制作栗子塔坯。

3）调制栗子馅。

4) 制作栗子塔6只，约65 g/只。

（3）操作要求

1) 色泽：表面淡咖啡色、色泽均匀、无焦色。

2) 形态：圆形塔状。

3) 口感：栗子味、甜度适中。

4) 火候：表面无焦点、底火无焦黑。

5) 质感：塔底坯酥松、馅心软、糯。

6) 所做品种送评数量不足，此品种评定为D。

2. 评分表

试题代码及名称				1.1.3 栗子塔制作	考核时间					35 min
评价要素		配分	等级	评分细则	评定等级					得分
					A	B	C	D	E	
1	色泽 (1) 淡咖啡色 (2) 色泽均匀 (3) 表面光洁	3	A	符合评价要素三点						
			B	符合评价要素二点						
			C	符合评价要素一点						
			D	出品不符合上述评价要素						
			E	未答题						
2	形态 (1) 圆形塔状 (2) 大小均匀 (3) 端正无缺损	3	A	符合评价要素三点						
			B	符合评价要素二点						
			C	符合评价要素一点						
			D	出品不符合上述评价要素						
			E	未答题						
3	口味 (1) 栗子味 (2) 甜度适中 (3) 口感细腻	3	A	符合评价要素三点						
			B	符合评价要素二点						
			C	符合评价要素一点						
			D	出品不符合上述评价要素						
			E	未答题						

试题代码及名称			1.1.3　栗子塔制作		考核时间					35 min
评价要素		配分	等级	评分细则	评定等级					得分
					A	B	C	D	E	
4	火候 (1) 面火无焦点 (2) 底火无焦黑 (3) 底火色泽均匀	3	A	符合评价要素三点						
			B	符合评价要素二点						
			C	符合评价要素一点						
			D	出品不符合上述评价要素						
			E	未答题						
5	质感 (1) 塔底坯酥松 (2) 馅料软 (3) 糯	3	A	符合评价要素三点						
			B	符合评价要素二点						
			C	符合评价要素一点						
			D	出品不符合上述评价要素						
			E	未答题						
合计配分		15		合计得分						

等级	A（优）	B（良）	C（及格）	D（差）	E（未答题）
比值	1.0	0.8	0.6	0.2	0

"评价要素"得分＝配分×等级比值。

评分细则参考答案：（尽量将细则内容写在上面的表格内，写不下可另写，但要具体可评判）。

备注：（1）所做品种送评 6 只，数量不足此品种评定为 D。

（2）送评品种与考核品种不符，此品种评定为 D。

三、椰丝排制作（试题代码：1.2.1；考核时间：35 min）

1. 试题单

（1）操作条件

1）面粉、黄油、糖、鸡蛋、盐等混酥面制作原料（考生自备制作 6 块椰丝排原料量）。

2）椰丝、砂糖、蛋清制作椰丝馅心（考生自备制作 6 块椰丝排原料量）。

3）制作工具：擀面棍 1 根。

4）烤制设备：烤箱 1 台、烤盘 1 只。

（2）操作内容

1）调制混酥面团。

2）调制椰丝馅心。

3）制作椰丝排 6 块，约 65 g/块。

（3）操作要求

1）色泽：表面棕黄色、色泽均匀、无焦色。

2）形态：排形、大小厚薄一致。

3）口感：椰丝味、甜度适中。

4）火候：表面无焦点、底火无焦黑。

5）质感：排底坯酥松、馅心松、软。

6）所做品种送评数量不足，此品种评定为 D。

2. 评分表

试题代码及名称			1.2.1　椰丝排制作	考核时间				35 min
评价要素	配分	等级	评分细则	评定等级				得分
				A	B	C	D	E
1 色泽 （1）棕黄色 （2）色泽均匀 （3）无焦色	3	A	符合评价要素三点					
		B	符合评价要素二点					
		C	符合评价要素一点					
		D	出品不符合上述评价要素					
		E	未答题					
2 形态 （1）排形 （2）厚薄一致，大小均匀 （3）端正无缺损	3	A	符合评价要素三点					
		B	符合评价要素二点					
		C	符合评价要素一点					
		D	出品不符合上述评价要素					
		E	未答题					
3 口味 （1）椰丝味 （2）甜度适中 （3）无粘牙感	3	A	符合评价要素三点					
		B	符合评价要素二点					
		C	符合评价要素一点					
		D	出品不符合上述评价要素					
		E	未答题					

续表

试题代码及名称			1.2.1　椰丝排制作		考核时间				35 min	
评价要素		配分	等级	评分细则	评定等级					得分
					A	B	C	D	E	
4	火候 (1) 面火无焦点 (2) 底火无焦黑 (3) 底火色泽均匀	3	A	符合评价要素三点						
			B	符合评价要素二点						
			C	符合评价要素一点						
			D	出品不符合上述评价要素						
			E	未答题						
5	质感 (1) 排底坯酥松 (2) 馅料松 (3) 馅料软	3	A	符合评价要素三点						
			B	符合评价要素二点						
			C	符合评价要素一点						
			D	出品不符合上述评价要素						
			E	未答题						
合计配分		15		合计得分						

等级	A（优）	B（良）	C（及格）	D（差）	E（未答题）
比值	1.0	0.8	0.6	0.2	0

"评价要素"得分＝配分×等级比值。

评分细则参考答案：（尽量将细则内容写在上面的表格内，写不下可另写，但要具体可评判）。

备注：（1）所做品种送评6块，数量不足此品种评定为D。

（2）送评品种与考核品种不符，此品种评定为D。

四、奶黄排制作（试题代码：1.2.2；考核时间：35 min）

1. 试题单

（1）操作条件

1）面粉、黄油、糖、鸡蛋、盐等混酥面制作原料（考生自备制作6块奶黄排原料量）。

2）鸡蛋、砂糖、奶油等制作奶黄馅心（考生自备制作6块奶黄排原料量）。

3）制作工具：擀面棍1根。

4）烤制设备：烤箱1台、烤盘1只。

（2）操作内容

1）调制混酥面团。

2）调制奶黄馅心。

3）制作奶黄排 6 块，约 65 g/块。

（3）操作要求

1）色泽：表面淡黄色、色泽均匀、无焦色。

2）形态：排形、大小厚薄一致。

3）口感：奶香味、甜度适中。

4）火候：表面无焦点、底火无焦黑。

5）质感：排底坯酥松、馅心糯、软。

6）所做品种送评数量不足，此品种评定为 D。

2. 评分表

试题代码及名称			1.2.2　奶黄排制作		考核时间					35 min
评价要素		配分	等级	评分细则	评定等级					得分
					A	B	C	D	E	
1	色泽 (1) 淡黄色 (2) 色泽均匀 (3) 无焦色	3	A	符合评价要素三点						
			B	符合评价要素二点						
			C	符合评价要素一点						
			D	出品不符合上述评价要素						
			E	未答题						
2	形态 (1) 排形 (2) 厚薄一致，大小均匀 (3) 端正无缺损	3	A	符合评价要素三点						
			B	符合评价要素二点						
			C	符合评价要素一点						
			D	出品不符合上述评价要素						
			E	未答题						
3	口味 (1) 奶香味 (2) 甜度适中 (3) 口感细腻	3	A	符合评价要素三点						
			B	符合评价要素二点						
			C	符合评价要素一点						
			D	出品不符合上述评价要素						
			E	未答题						

续表

试题代码及名称				1.2.2 奶黄排制作		考核时间				35 min
评价要素		配分	等级	评分细则	评定等级					得分
					A	B	C	D	E	
4	火候 （1）面火无焦点 （2）底火无焦黑 （3）底火色泽均匀	3	A	符合评价要素三点						
			B	符合评价要素二点						
			C	符合评价要素一点						
			D	出品不符合上述评价要素						
			E	未答题						
5	质感 （1）排底坯酥松 （2）馅料糯 （3）馅料软	3	A	符合评价要素三点						
			B	符合评价要素二点						
			C	符合评价要素一点						
			D	出品不符合上述评价要素						
			E	未答题						
合计配分		15		合计得分						

等级	A（优）	B（良）	C（及格）	D（差）	E（未答题）
比值	1.0	0.8	0.6	0.2	0

"评价要素"得分＝配分×等级比值。

评分细则参考答案：（尽量将细则内容写在上面的表格内，写不下可另写，但要具体可评判）。

备注：（1）所做品种送评6块，数量不足此品种评定为D。

（2）送评品种与考核品种不符，此品种评定为D。

五、花生排制作（试题代码：1.2.3；考核时间：35 min)

1. 试题单

（1）操作条件

1）面粉、黄油、糖、鸡蛋、盐等混酥面制作原料（考生自备制作6块花生排原料量）。

2）花生、砂糖、蛋清等制作花生馅心（考生自备制作6块花生排原料量）。

3）制作工具：擀面棍1根。

4）烤制设备：烤箱1台、烤盘1只。

（2）操作内容

1）调制混酥面团。

2）调制花生馅心。

3）制作花生排 6 块，约 65 g/块。

（3）操作要求

1）色泽：表面棕黄色、色泽均匀、无焦色。

2）形态：排形、大小厚薄一致。

3）口感：花生味、甜度适中。

4）火候：表面无焦点、底火无焦黑。

5）质感：排底坯酥松、馅心松、脆。

6）所做品种送评数量不足，此品种评定为 D。

2. 评分表

试题代码及名称				1.2.3　花生排制作	考核时间					35 min
评价要素	配分	等级	评分细则		评定等级					得分
					A	B	C	D	E	
1	色泽 （1）棕黄色 （2）色泽均匀 （3）无焦色	3	A	符合评价要素三点						
			B	符合评价要素二点						
			C	符合评价要素一点						
			D	出品不符合上述评价要素						
			E	未答题						
2	形态 （1）排形 （2）厚薄一致，大小均匀 （3）端正无缺损	3	A	符合评价要素三点						
			B	符合评价要素二点						
			C	符合评价要素一点						
			D	出品不符合上述评价要素						
			E	未答题						
3	口味 （1）花生味 （2）甜度适中 （3）无粘牙感	3	A	符合评价要素三点						
			B	符合评价要素二点						
			C	符合评价要素一点						
			D	出品不符合上述评价要素						
			E	未答题						

试题代码及名称				1.2.3 花生排制作	考核时间					35 min
评价要素		配分	等级	评分细则	评定等级					得分
					A	B	C	D	E	
4	火候 (1) 面火无焦点 (2) 底火无焦黑 (3) 底火色泽均匀	3	A	符合评价要素三点						
			B	符合评价要素二点						
			C	符合评价要素一点						
			D	出品不符合上述评价要素						
			E	未答题						
5	质感 (1) 排底坯酥松 (2) 馅心松 (3) 馅料脆	3	A	符合评价要素三点						
			B	符合评价要素二点						
			C	符合评价要素一点						
			D	出品不符合上述评价要素						
			E	未答题						
合计配分		15		合计得分						

等级	A（优）	B（良）	C（及格）	D（差）	E（未答题）
比值	1.0	0.8	0.6	0.2	0

"评价要素"得分＝配分×等级比值。

评分细则参考答案：（尽量将细则内容写在上面的表格内，写不下可另写，但要具体可评判）。

备注：（1）所做品种送评6块，数量不足此品种评定为D。

（2）送评品种与考核品种不符，此品种评定为D。

六、苹果攀制作（试题代码：1.3.1；考核时间：35 min）

1. 试题单

（1）操作条件

1）面粉、黄油、糖、鸡蛋、盐等混酥面制作原料（考生自备制作1只15 cm苹果攀原料量）。

2）苹果、砂糖等制作苹果馅心（考生自备制作1只15 cm苹果攀原料量）。

3）制作工具：擀面棍 1 根、攀模 1 只。

4）烤制设备：烤箱 1 台、烤盘 1 只。

（2）操作内容

1）调制混酥面团。

2）制作苹果攀坯。

3）调制苹果馅心。

4）制作 15 cm 苹果攀 1 只。

（3）操作要求

1）色泽：表面棕黄色、色泽均匀、无焦色。

2）形态：圆形攀状。

3）口感：苹果味，甜度适中。

4）火候：表面无焦点，底火无焦黑。

5）质感：攀底坯酥松、馅心软、馅料滑嫩。

2. 评分表

试题代码及名称			1.3.1　苹果攀制作		考核时间				35 min
评价要素	配分	等级	评分细则	评定等级					得分
				A	B	C	D	E	
1	色泽 （1）棕黄色 （2）色泽均匀 （3）无焦色	3	A	符合评价要素三点					
			B	符合评价要素二点					
			C	符合评价要素一点					
			D	出品不符合上述评价要素					
			E	未答题					
2	形态 （1）圆形 （2）厚薄一致 （3）端正无缺损	3	A	符合评价要素三点					
			B	符合评价要素二点					
			C	符合评价要素一点					
			D	出品不符合上述评价要素					
			E	未答题					

试题代码及名称			1.3.1 苹果攀制作		考核时间				35 min
评价要素	配分	等级	评分细则	评定等级					得分
				A	B	C	D	E	
3 口味 (1) 苹果味 (2) 甜度适中 (3) 口感细腻	3	A	符合评价要素三点						
		B	符合评价要素二点						
		C	符合评价要素一点						
		D	出品不符合上述评价要素						
		E	未答题						
4 火候 (1) 面火无焦点 (2) 底火无焦黑 (3) 底火色泽均匀	3	A	符合评价要素三点						
		B	符合评价要素二点						
		C	符合评价要素一点						
		D	出品不符合上述评价要素						
		E	未答题						
5 质感 (1) 攀底坯酥松 (2) 馅料滑嫩 (3) 馅心软	3	A	符合评价要素三点						
		B	符合评价要素二点						
		C	符合评价要素一点						
		D	出品不符合上述评价要素						
		E	未答题						
合计配分	15		合计得分						

等级	A（优）	B（良）	C（及格）	D（差）	E（未答题）
比值	1.0	0.8	0.6	0.2	0

"评价要素"得分＝配分×等级比值。

评分细则参考答案：（尽量将细则内容写在上面的表格内，写不下可另写，但要具体可评判）。

备注：送评品种与考核品种不符，此品种评定为 D。

七、南瓜攀制作（试题代码：1.3.2；考核时间：35 min）

1. 试题单

（1）操作条件

1）面粉、黄油、糖、鸡蛋、盐等混酥面制作原料（考生自备制作 1 只 15 cm 南瓜攀原料量）。

2) 南瓜、砂糖制作南瓜馅心（考生自备制作 1 只 15 cm 南瓜攀原料量）。

3) 制作工具：擀面棍 1 根、攀模 1 只。

4) 烤制设备：烤箱 1 台、烤盘 1 只。

(2) 操作内容

1) 调制混酥面团。

2) 制作南瓜攀坯。

3) 调制南瓜馅心。

4) 制作 15 cm 南瓜攀 1 只。

(3) 操作要求

1) 色泽：表面棕黄色、色泽均匀、无焦色。

2) 形态：圆形攀状。

3) 口感：南瓜味，甜度适中。

4) 火候：表面无焦点，底火无焦黑。

5) 质感：攀底坯酥松、馅心软、馅料滑嫩。

2. 评分表

试题代码及名称				1.3.2　南瓜攀制作		考核时间			35 min
评价要素		配分	等级	评分细则	\multicolumn{4}{c}{评定等级}			得分
					A	B	C	D	E	
1	色泽 (1) 棕黄色 (2) 色泽均匀 (3) 无焦色	3	A	符合评价要素三点						
			B	符合评价要素二点						
			C	符合评价要素一点						
			D	出品不符合上述评价要素						
			E	未答题						
2	形态 (1) 圆形 (2) 厚薄一致 (3) 端正无缺损	3	A	符合评价要素三点						
			B	符合评价要素二点						
			C	符合评价要素一点						
			D	出品不符合上述评价要素						
			E	未答题						

试题代码及名称				1.3.2　南瓜攀制作			考核时间					35 min
评价要素		配分	等级	评分细则			评定等级					得分
							A	B	C	D	E	
3	口味 (1) 南瓜味 (2) 甜度适中 (3) 口感细腻	3	A	符合评价要素三点								
			B	符合评价要素二点								
			C	符合评价要素一点								
			D	出品不符合上述评价要素								
			E	未答题								
4	火候 (1) 面火无焦点 (2) 底火无焦黑 (3) 底火色泽均匀	3	A	符合评价要素三点								
			B	符合评价要素二点								
			C	符合评价要素一点								
			D	出品不符合上述评价要素								
			E	未答题								
5	质感 (1) 攀底坯酥松 (2) 馅料滑嫩 (3) 馅心软	3	A	符合评价要素三点								
			B	符合评价要素二点								
			C	符合评价要素一点								
			D	出品不符合上述评价要素								
			E	未答题								
合计配分		15		合计得分								

等级	A（优）	B（良）	C（及格）	D（差）	E（未答题）
比值	1.0	0.8	0.6	0.2	0

"评价要素"得分＝配分×等级比值。

评分细则参考答案：（尽量将细则内容写在上面的表格内，写不下可另写，但要具体可评判）。

备注：送评品种与考核品种不符，此品种评定为 D。

八、核桃攀制作（试题代码：1.3.3；考核时间：35 min）

1. 试题单

(1) 操作条件

1) 面粉、黄油、糖、鸡蛋、盐等混酥面制作原料（考生自备制作 1 只 15 cm 核桃攀原料量)。

2）核桃、砂糖、蛋清等制作核桃馅心（考生自备制作1只15 cm核桃攀原料量）。

3）制作工具：擀面棍1根、攀模1只。

4）烤制设备：烤箱1台、烤盘1只。

（2）操作内容

1）调制混酥面团。

2）制作核桃攀坯。

3）调制核桃馅心。

4）制作15 cm核桃攀1只。

（3）操作要求

1）色泽：表面棕黄色、色泽均匀、无焦色。

2）形态：圆形攀状。

3）口感：核桃味，甜度适中。

4）火候：表面无焦点，底火无焦黑。

5）质感：攀底坯酥松、馅心松、脆。

2. 评分表

试题代码及名称			1.3.3 核桃攀制作		考核时间			35 min	
评价要素	配分	等级	评分细则	评定等级					得分
				A	B	C	D	E	
1 色泽 (1)棕黄色 (2)色泽均匀 (3)无焦色	3	A	符合评价要素三点						
		B	符合评价要素二点						
		C	符合评价要素一点						
		D	出品不符合上述评价要素						
		E	未答题						
2 形态 (1)圆形 (2)厚薄一致 (3)端正无缺损	3	A	符合评价要素三点						
		B	符合评价要素二点						
		C	符合评价要素一点						
		D	出品不符合上述评价要素						
		E	未答题						

续表

试题代码及名称				1.3.3 核桃攀制作	考核时间				35 min
评价要素		配分	等级	评分细则	评定等级				得分
					A	B	C	D	E

	评价要素	配分	等级	评分细则	A	B	C	D	E	得分
3	口味 (1) 核桃味 (2) 甜度适中 (3) 不粘牙	3	A	符合评价要素三点						
			B	符合评价要素二点						
			C	符合评价要素一点						
			D	出品不符合上述评价要素						
			E	未答题						
4	火候 (1) 面火无焦点 (2) 底火无焦黑 (3) 底火色泽均匀	3	A	符合评价要素三点						
			B	符合评价要素二点						
			C	符合评价要素一点						
			D	出品不符合上述评价要素						
			E	未答题						
5	质感 (1) 攀底坯酥松 (2) 馅心松 (3) 馅料脆	3	A	符合评价要素三点						
			B	符合评价要素二点						
			C	符合评价要素一点						
			D	出品不符合上述评价要素						
			E	未答题						
合计配分		15		合计得分						

等级	A（优）	B（良）	C（及格）	D（差）	E（未答题）
比值	1.0	0.8	0.6	0.2	0

"评价要素"得分＝配分×等级比值。

评分细则参考答案：（尽量将细则内容写在上面的表格内，写不下可另写，但要具体可评判）。

备注：送评品种与考核品种不符，此品种评定为 D。

九、乳酪饼干制作（试题代码：1.4.2；考核时间：30 min）

1. 试题单

（1）操作条件

1）面粉、黄油、糖、鸡蛋、乳酪等饼干面糊制作原料（考生自备制作 20 块乳酪饼干原料量）。

2）制作工具：裱花袋 1 个、裱花头 1 个。

3）烤制设备：烤箱 1 台、烤盘 1 只。

（2）操作内容

1）调制饼干面糊。

2）裱制乳酪饼干 20 块。

（3）操作要求

1）色泽：表面金黄色、色泽均匀、无焦色。

2）形态：圆形、大小厚薄一致。

3）口感：乳酪味、甜度适中。

4）火候：表面无焦点、底火无焦黑。

5）质感：酥、松、脆。

6）所做品种送评数量不足，此品种评定为 D。

2. 评分表

试题代码及名称			1.4.2　乳酪饼干制作		考核时间				30 min
评价要素	配分	等级	评分细则		评定等级				得分
					A	B	C	D	E
1　色泽 （1）金黄色 （2）色泽均匀 （3）无焦色	2	A	符合评价要素三点						
		B	符合评价要素二点						
		C	符合评价要素一点						
		D	出品不符合上述评价要素						
		E	未答题						
2　形态 （1）圆形 （2）厚薄一致 （3）大小均匀	4	A	符合评价要素三点						
		B	符合评价要素二点						
		C	符合评价要素一点						
		D	出品不符合上述评价要素						
		E	未答题						

续表

试题代码及名称			1.4.2 乳酪饼干制作		考核时间				30 min	
评价要素		配分	等级	评分细则	评定等级					得分
					A	B	C	D	E	
3	口味 (1) 乳酪味 (2) 甜度适中 (3) 口感酥脆	2	A	符合评价要素三点						
			B	符合评价要素二点						
			C	符合评价要素一点						
			D	出品不符合上述评价要素						
			E	未答题						
4	火候 (1) 面火无焦点 (2) 底火无焦黑 (3) 底火色泽均匀	2	A	符合评价要素三点						
			B	符合评价要素二点						
			C	符合评价要素一点						
			D	出品不符合上述评价要素						
			E	未答题						
5	质感 (1) 酥松 (2) 脆感 (3) 气孔均匀	5	A	符合评价要素三点						
			B	符合评价要素二点						
			C	符合评价要素一点						
			D	出品不符合上述评价要素						
			E	未答题						
合计配分		15		合计得分						

等级	A（优）	B（良）	C（及格）	D（差）	E（未答题）
比值	1.0	0.8	0.6	0.2	0

"评价要素"得分＝配分×等级比值。

评分细则参考答案：（尽量将细则内容写在上面的表格内，写不下可另写，但要具体可评判）。

备注：（1）所做品种送评 20 块，数量不足此品种评定为 D。

（2）送评品种与考核品种不符，此品种评定为 D。

十、杏仁饼干制作（试题代码：1.4.3；考核时间：30 min）

1. 试题单

（1）操作条件

1）面粉、黄油、糖、鸡蛋、杏仁等饼干面糊制作原料（考生自备制作 20 块杏仁饼干原料量）。

2）制作工具：裱花袋 1 个、裱花头 1 个。

3）烤制设备：烤箱 1 台、烤盘 1 只。

（2）操作内容

1）调制饼干面糊。

2）裱制杏仁饼干 20 块。

（3）操作要求

1）色泽：表面棕黄色、色泽均匀、无焦色。

2）形态：圆形大小、厚薄一致。

3）口感：杏仁味、甜度适中。

4）火候：表面无焦点、底火无焦黑。

5）质感：酥、松、脆。

6）所做品种送评数量不足，此品种评定为 D。

2. 评分表

试题代码及名称			1.4.3　杏仁饼干制作		考核时间				30 min	
评价要素	配分	等级	评分细则		评定等级					得分
					A	B	C	D	E	
1　色泽 (1) 棕黄色 (2) 色泽均匀 (3) 无焦色	2	A	符合评价要素三点							
		B	符合评价要素二点							
		C	符合评价要素一点							
		D	出品不符合上述评价要素							
		E	未答题							
2　形态 (1) 圆形 (2) 厚薄一致 (3) 大小均匀	4	A	符合评价要素三点							
		B	符合评价要素二点							
		C	符合评价要素一点							
		D	出品不符合上述评价要素							
		E	未答题							

续表

试题代码及名称			1.4.3 杏仁饼干制作		考核时间				30 min	
评价要素	配分	等级	评分细则	评定等级					得分	
				A	B	C	D	E		
3 口味 (1) 杏仁味 (2) 甜度适中 (3) 口感酥脆	2	A	符合评价要素三点							
		B	符合评价要素二点							
		C	符合评价要素一点							
		D	出品不符合上述评价要素							
		E	未答题							
4 火候 (1) 面火无焦点 (2) 底火无焦黑 (3) 底火色泽均匀	2	A	符合评价要素三点							
		B	符合评价要素二点							
		C	符合评价要素一点							
		D	出品不符合上述评价要素							
		E	未答题							
5 质感 (1) 酥松 (2) 脆感 (3) 气孔均匀	5	A	符合评价要素三点							
		B	符合评价要素二点							
		C	符合评价要素一点							
		D	出品不符合上述评价要素							
		E	未答题							
合计配分	15		合计得分							

等级	A（优）	B（良）	C（及格）	D（差）	E（未答题）
比值	1.0	0.8	0.6	0.2	0

"评价要素"得分＝配分×等级比值。

评分细则参考答案：（尽量将细则内容写在上面的表格内，写不下可另写，但要具体可评判）。

备注：（1）所做品种送评20块，数量不足此品种评定为D。

（2）送评品种与考核品种不符，此品种评定为D。

十一、法式松饼制作（试题代码：1.4.4；考核时间：30 min）

1. 试题单

（1）操作条件

1）面粉、黄油、糖、鸡蛋、牛奶等饼干面糊制作原料（考生自备制作20块法式松饼原料量）。

2）制作工具：刻模直径约5 cm。

3）烤制设备：烤箱1台、烤盘1只。

（2）操作内容

1）调制饼干面糊。

2）刻制法式松饼20块。

（3）操作要求

1）色泽：表面金黄色、色泽均匀、无焦色。

2）形态：圆形、大小均匀、厚薄一致。

3）口感：奶香味、甜度适中。

4）火候：表面无焦点、底火无焦黑。

5）质感：酥、松、脆。

6）所做品种送评数量不足，此品种评定为D。

2. 评分表

试题代码及名称			1.4.4 法式松饼制作		考核时间				30 min
评价要素	配分	等级	评分细则	评定等级					得分
				A	B	C	D	E	
1	色泽 (1) 金黄色 (2) 色泽均匀 (3) 无焦色	2	A	符合评价要素三点					
			B	符合评价要素二点					
			C	符合评价要素一点					
			D	出品不符合上述评价要素					
			E	未答题					
2	形态 (1) 圆形 (2) 厚薄一致 (3) 大小均匀	4	A	符合评价要素三点					
			B	符合评价要素二点					
			C	符合评价要素一点					
			D	出品不符合上述评价要素					
			E	未答题					

试题代码及名称				1.4.4 法式松饼制作	考核时间					30 min
评价要素		配分	等级	评分细则	评定等级					得分
					A	B	C	D	E	
3	口味 (1) 奶香味 (2) 甜度适中 (3) 口感酥脆	2	A	符合评价要素三点						
			B	符合评价要素二点						
			C	符合评价要素一点						
			D	出品不符合上述评价要素						
			E	未答题						
4	火候 (1) 面火无焦点 (2) 底火无焦黑 (3) 底火色泽均匀	2	A	符合评价要素三点						
			B	符合评价要素二点						
			C	符合评价要素一点						
			D	出品不符合上述评价要素						
			E	未答题						
5	质感 (1) 酥松 (2) 脆感 (3) 气孔均匀	5	A	符合评价要素三点						
			B	符合评价要素二点						
			C	符合评价要素一点						
			D	出品不符合上述评价要素						
			E	未答题						
合计配分		15		合计得分						

等级	A（优）	B（良）	C（及格）	D（差）	E（未答题）
比值	1.0	0.8	0.6	0.2	0

"评价要素"得分＝配分×等级比值。

评分细则参考答案：（尽量将细则内容写在上面的表格内，写不下可另写，但要具体可评判）。

备注：（1）所做品种送评20块，数量不足此品种评定为D。

（2）送评品种与考核品种不符，此品种评定为D。

十二、巧克力曲奇制作（试题代码：1.4.5；考核时间：30 min）

1. 试题单

（1）操作条件

1）面粉、黄油、糖、鸡蛋、可可粉等饼干面糊制作原料（考生自备制作 20 块巧克力曲奇原料量）。

2）制作工具：裱花袋 1 个、裱花头 1 个。

3）烤制设备：烤箱 1 台、烤盘 1 只。

（2）操作内容

1）调制饼干面糊。

2）裱制巧克力曲奇 20 块。

（3）操作要求

1）色泽：巧克力色、色泽均匀、无焦色。

2）形态：S 形、大小厚薄一致。

3）口感：巧克力味、甜度适中。

4）火候：表面无焦点、底火无焦黑。

5）质感：酥、松、脆。

6）所做品种送评数量不足，此品种评定为 D。

2. 评分表

试题代码及名称			1.4.5　巧克力曲奇制作		考核时间				30 min
评价要素	配分	等级	评分细则	评定等级					得分
				A	B	C	D	E	
1　色泽 （1）巧克力色 （2）色泽均匀 （3）无焦色	2	A	符合评价要素三点						
		B	符合评价要素二点						
		C	符合评价要素一点						
		D	出品不符合上述评价要素						
		E	未答题						
2　形态 （1）S 形 （2）厚薄一致 （3）大小均匀	4	A	符合评价要素三点						
		B	符合评价要素二点						
		C	符合评价要素一点						
		D	出品不符合上述评价要素						
		E	未答题						

续表

试题代码及名称				1.4.5　巧克力曲奇制作		考核时间				30 min
评价要素		配分	等级	评分细则	评定等级					得分
					A	B	C	D	E	
3	口味 (1) 巧克力味 (2) 甜度适中 (3) 口感酥脆	2	A	符合评价要素三点						
			B	符合评价要素二点						
			C	符合评价要素一点						
			D	出品不符合上述评价要素						
			E	未答题						
4	火候 (1) 面火无焦点 (2) 底火无焦黑 (3) 底火色泽均匀	2	A	符合评价要素三点						
			B	符合评价要素二点						
			C	符合评价要素一点						
			D	出品不符合上述评价要素						
			E	未答题						
5	质感 (1) 酥松 (2) 脆感 (3) 气孔均匀	5	A	符合评价要素三点						
			B	符合评价要素二点						
			C	符合评价要素一点						
			D	出品不符合上述评价要素						
			E	未答题						
合计配分		15		合计得分						

等级	A（优）	B（良）	C（及格）	D（差）	E（未答题）
比值	1.0	0.8	0.6	0.2	0

"评价要素"得分＝配分×等级比值。

评分细则参考答案：（尽量将细则内容写在上面的表格内，写不下可另写，但要具体可评判）。

备注：（1）所做品种送评20块，数量不足此品种评定为D。

（2）送评品种与考核品种不符，此品种评定为D。

十三、咸淇淋制作（试题代码：1.4.6；考核时间：30 min）

1. 试题单

（1）操作条件

1）面粉、黄油、糖、鸡蛋、盐等饼干面糊制作原料（考生自备制作 20 块咸淇淋原料量）。

2）制作工具：裱花袋 1 个、裱花头 1 个。

3）烤制设备：烤箱 1 台、烤盘 1 只。

（2）操作内容

1）调制饼干面糊。

2）裱制咸淇淋 20 块。

（3）操作要求

1）色泽：表面淡黄色、色泽均匀、无焦色。

2）形态：手指形、大小厚薄一致。

3）口感：奶香味、咸度适中。

4）火候：表面无焦点、底火无焦黑。

5）质感：酥、松、脆。

6）所做品种送评数量不足，此品种评定为 D。

2. 评分表

试题代码及名称				1.4.6　咸淇淋制作	考核时间					30 min
评价要素		配分	等级	评分细则	评定等级					得分
					A	B	C	D	E	
1	色泽 （1）淡黄色 （2）色泽均匀 （3）无焦色	2	A	符合评价要素三点						
			B	符合评价要素二点						
			C	符合评价要素一点						
			D	出品不符合上述评价要素						
			E	未答题						
2	形态 （1）手指形 （2）厚薄一致 （3）大小均匀	4	A	符合评价要素三点						
			B	符合评价要素二点						
			C	符合评价要素一点						
			D	出品不符合上述评价要素						
			E	未答题						

续表

试题代码及名称			1.4.6 咸淇淋制作		考核时间				30 min
评价要素	配分	等级	评分细则	评定等级					得分
				A	B	C	D	E	
3	口味 (1) 奶香味 (2) 咸度适中 (3) 口感酥脆	2	A	符合评价要素三点					
			B	符合评价要素二点					
			C	符合评价要素一点					
			D	出品不符合上述评价要素					
			E	未答题					
4	火候 (1) 面火无焦点 (2) 底火无焦黑 (3) 底火色泽均匀	2	A	符合评价要素三点					
			B	符合评价要素二点					
			C	符合评价要素一点					
			D	出品不符合上述评价要素					
			E	未答题					
5	质感 (1) 酥松 (2) 脆感 (3) 气孔均匀	5	A	符合评价要素三点					
			B	符合评价要素二点					
			C	符合评价要素一点					
			D	出品不符合上述评价要素					
			E	未答题					
合计配分	15		合计得分						

等级	A（优）	B（良）	C（及格）	D（差）	E（未答题）
比值	1.0	0.8	0.6	0.2	0

"评价要素"得分＝配分×等级比值。

评分细则参考答案：(尽量将细则内容写在上面的表格内，写不下可另写，但要具体可评判)。

备注：(1) 所做品种送评 20 块，数量不足此品种评定为 D。

(2) 送评品种与考核品种不符，此品种评定为 D。

蛋糕制作与装饰

一、香蕉蛋糕制作（试题代码：2.1.2；考核时间：30 min）

1. 试题单

（1）操作条件

1）面粉、黄油、糖、鸡蛋、香蕉等香蕉蛋糕制作原料（考生自备制作 3 只香蕉蛋糕原料量）。

2）制作工具：裱花袋 1 个、蛋糕模 3 只。

3）烤制设备：烤箱 1 台、烤盘 1 只。

（2）操作内容

1）调制香蕉蛋糕面糊。

2）裱制香蕉蛋糕 3 只，约 65 g/只。

（3）操作要求

1）色泽：表面黄褐色、色泽均匀、无焦色。

2）形态：长方形、端正、饱满、无塌陷。

3）口感：香蕉味、甜度适中。

4）火候：表面无焦点、底火无焦黑。

5）质感：松软、细腻、气孔均匀。

6）所做品种送评数量不足，此品种评定为 D。

2. 评分表

试题代码及名称				2.1.2　香蕉蛋糕制作	考核时间					30 min
评价要素		配分	等级	评分细则	评定等级					得分
					A	B	C	D	E	
1	色泽 （1）黄褐色 （2）色泽均匀 （3）无焦色	3	A	符合评价要素三点						
			B	符合评价要素二点						
			C	符合评价要素一点						
			D	出品不符合上述评价要素						
			E	未答题						

续表

试题代码及名称				2.1.2　香蕉蛋糕制作					考核时间		30 min
评价要素		配分	等级	评分细则	评定等级						得分
					A	B	C	D	E		
2	形态 (1) 长方形端正饱满 (2) 大小一致 (3) 表面无塌陷	5	A	符合评价要素三点							
			B	符合评价要素二点							
			C	符合评价要素一点							
			D	出品不符合上述评价要素							
			E	未答题							
3	口味 (1) 香蕉味 (2) 甜度适中 (3) 不粘牙	4	A	符合评价要素三点							
			B	符合评价要素二点							
			C	符合评价要素一点							
			D	出品不符合上述评价要素							
			E	未答题							
4	火候 (1) 面火无焦点 (2) 底火无焦黑 (3) 底火色泽均匀	3	A	符合评价要素三点							
			B	符合评价要素二点							
			C	符合评价要素一点							
			D	出品不符合上述评价要素							
			E	未答题							
5	质感 (1) 松软 (2) 细腻 (3) 气孔均匀	5	A	符合评价要素三点							
			B	符合评价要素二点							
			C	符合评价要素一点							
			D	出品不符合上述评价要素							
			E	未答题							
合计配分		20					合计得分				

等级	A（优）	B（良）	C（及格）	D（差）	E（未答题）
比值	1.0	0.8	0.6	0.2	0

"评价要素"得分＝配分×等级比值。

评分细则参考答案：（尽量将细则内容写在上面的表格内，写不下可另写，但要具体可评判）。

备注：（1）所做品种送评3只，数量不足此品种评定为D。

（2）送评品种与考核品种不符，此品种评定为D。

二、蜂蜜蛋糕制作（试题代码：2.1.3；考核时间：30 min）

1. 试题单

（1）操作条件

1）面粉、糖、鸡蛋、蜂蜜等蜂蜜蛋糕制作原料（考生自备制作 3 只蜂蜜蛋糕原料量）。

2）制作工具：裱花袋 1 个、搅拌机 1 台、蛋糕模 3 只。

3）烤制设备：烤箱 1 台、烤盘 1 只。

（2）操作内容

1）调制蜂蜜蛋糕面糊。

2）裱制蜂蜜蛋糕 3 只，约 80 g/只。

（3）操作要求

1）色泽：表面金黄色、色泽均匀、无焦色。

2）形态：长方形、端正、饱满、无塌陷。

3）口感：蜂蜜味、甜度适中。

4）火候：表面无焦点、底火无焦黑。

5）质感：松软、细腻、气孔均匀。

6）所做品种送评数量不足，此品种评定为 D。

2. 评分表

试题代码及名称			2.1.3　蜂蜜蛋糕制作		考核时间				30 min	
评价要素	配分	等级	评分细则		评定等级					得分
					A	B	C	D	E	
1	色泽 （1）金黄色 （2）色泽均匀 （3）无焦色	3	A	符合评价要素三点						
			B	符合评价要素二点						
			C	符合评价要素一点						
			D	出品不符合上述评价要素						
			E	未答题						
2	形态 （1）长方形端正饱满 （2）大小一致 （3）表面无塌陷	5	A	符合评价要素三点						
			B	符合评价要素二点						
			C	符合评价要素一点						
			D	出品不符合上述评价要素						
			E	未答题						

续表

试题代码及名称			2.1.3 蜂蜜蛋糕制作						考核时间	30 min
评价要素		配分	等级	评分细则	评定等级					得分
					A	B	C	D	E	
3	口味 (1) 蜂蜜味 (2) 甜度适中 (3) 不粘牙	4	A	符合评价要素三点						
			B	符合评价要素二点						
			C	符合评价要素一点						
			D	出品不符合上述评价要素						
			E	未答题						
4	火候 (1) 面火无焦点 (2) 底火无焦黑 (3) 底火色泽均匀	3	A	符合评价要素三点						
			B	符合评价要素二点						
			C	符合评价要素一点						
			D	出品不符合上述评价要素						
			E	未答题						
5	质感 (1) 松软 (2) 细腻 (3) 气孔均匀	5	A	符合评价要素三点						
			B	符合评价要素二点						
			C	符合评价要素一点						
			D	出品不符合上述评价要素						
			E	未答题						
合计配分		20		合计得分						

等级	A（优）	B（良）	C（及格）	D（差）	E（未答题）
比值	1.0	0.8	0.6	0.2	0

"评价要素"得分＝配分×等级比值。

评分细则参考答案：（尽量将细则内容写在上面的表格内，写不下可另写，但要具体可评判）。

备注：（1）所做品种送评3只，数量不足此品种评定为D。

（2）送评品种与考核品种不符，此品种评定为D。

三、抹茶蛋糕制作（试题代码：2.1.4；考核时间：30 min）

1. 试题单

（1）操作条件

1）面粉、糖、鸡蛋、抹茶等抹茶蛋糕制作原料（考生自备制作 3 只抹茶蛋糕原料量）。

2）制作工具：裱花袋 1 个、搅拌机 1 台、蛋糕模 3 只。

3）烤制设备：烤箱 1 台、烤盘 1 只。

（2）操作内容

1）调制抹茶蛋糕面糊。

2）裱制抹茶蛋糕 3 只，约 65 g/只。

（3）操作要求

1）色泽：表面淡绿色、色泽均匀、无焦色。

2）形态：长方形、端正、饱满、无塌陷。

3）口感：抹茶味、甜度适中。

4）火候：表面无焦点、底火无焦黑。

5）质感：松软、细腻、气孔均匀。

6）所做品种送评数量不足，此品种评定为 D。

2. 评分表

试题代码及名称			2.1.4　抹茶蛋糕制作		考核时间				30 min
评价要素	配分	等级	评分细则	评定等级					得分
				A	B	C	D	E	
1　色泽 （1）淡绿色 （2）色泽均匀 （3）无焦色	3	A	符合评价要素三点						
		B	符合评价要素二点						
		C	符合评价要素一点						
		D	出品不符合上述评价要素						
		E	未答题						
2　形态 （1）长方形端正饱满 （2）大小一致 （3）表面无塌陷	5	A	符合评价要素三点						
		B	符合评价要素二点						
		C	符合评价要素一点						
		D	出品不符合上述评价要素						
		E	未答题						

续表

试题代码及名称			2.1.4 抹茶蛋糕制作				考核时间		30 min

	评价要素	配分	等级	评分细则	A	B	C	D	E	得分
					评定等级					
3	口味 (1) 抹茶味 (2) 甜度适中 (3) 不粘牙	4	A	符合评价要素三点						
			B	符合评价要素二点						
			C	符合评价要素一点						
			D	出品不符合上述评价要素						
			E	未答题						
4	火候 (1) 面火无焦点 (2) 底火无焦黑 (3) 底火色泽均匀	3	A	符合评价要素三点						
			B	符合评价要素二点						
			C	符合评价要素一点						
			D	出品不符合上述评价要素						
			E	未答题						
5	质感 (1) 松软 (2) 细腻 (3) 气孔均匀	5	A	符合评价要素三点						
			B	符合评价要素二点						
			C	符合评价要素一点						
			D	出品不符合上述评价要素						
			E	未答题						
	合计配分	20		合计得分						

等级	A（优）	B（良）	C（及格）	D（差）	E（未答题）
比值	1.0	0.8	0.6	0.2	0

"评价要素"得分＝配分×等级比值。

评分细则参考答案：（尽量将细则内容写在上面的表格内，写不下可另写，但要具体可评判）。

备注：（1）所做品种送评 3 只，数量不足此品种评定为 D。

（2）送评品种与考核品种不符，此品种评定为 D。

四、摩卡蛋糕制作（试题代码：2.1.5；考核时间：30 min）

1. 试题单

（1）操作条件

1）面粉、糖、鸡蛋、咖啡等摩卡蛋糕制作原料（考生自备制作3只摩卡蛋糕原料量）。

2）制作工具：裱花袋1个、搅拌机1台、蛋糕模3只。

3）烤制设备：烤箱1台、烤盘1只。

（2）操作内容

1）调制摩卡蛋糕面糊。

2）裱制摩卡蛋糕3只，约65 g/只。

（3）操作要求

1）色泽：咖啡色、色泽均匀、无焦色。

2）形态：长方形、端正、饱满、无塌陷。

3）口感：咖啡味、甜度适中。

4）火候：表面无焦点、底火无焦黑。

5）质感：松软、细腻、气孔均匀。

6）所做品种送评数量不足，此品种评定为D。

2. 评分表

试题代码及名称			2.1.5 摩卡蛋糕制作	考核时间					30 min
评价要素	配分	等级	评分细则	评定等级					得分
				A	B	C	D	E	
1 色泽 (1) 咖啡色 (2) 色泽均匀 (3) 无焦色	3	A	符合评价要素三点						
		B	符合评价要素二点						
		C	符合评价要素一点						
		D	出品不符合上述评价要素						
		E	未答题						
2 形态 (1) 长方形端正饱满 (2) 大小一致 (3) 表面无塌陷	5	A	符合评价要素三点						
		B	符合评价要素二点						
		C	符合评价要素一点						
		D	出品不符合上述评价要素						
		E	未答题						

续表

试题代码及名称			2.1.5 摩卡蛋糕制作		考核时间					30 min
评价要素		配分	等级	评分细则	评定等级					得分
					A	B	C	D	E	
3	口味 (1) 咖啡味 (2) 甜度适中 (3) 不粘牙	4	A	符合评价要素三点						
			B	符合评价要素二点						
			C	符合评价要素一点						
			D	出品不符合上述评价要素						
			E	未答题						
4	火候 (1) 面火无焦点 (2) 底火无焦黑 (3) 底火色泽均匀	3	A	符合评价要素三点						
			B	符合评价要素二点						
			C	符合评价要素一点						
			D	出品不符合上述评价要素						
			E	未答题						
5	质感 (1) 松软 (2) 细腻 (3) 气孔均匀	5	A	符合评价要素三点						
			B	符合评价要素二点						
			C	符合评价要素一点						
			D	出品不符合上述评价要素						
			E	未答题						
合计配分		20		合计得分						

等级	A（优）	B（良）	C（及格）	D（差）	E（未答题）
比值	1.0	0.8	0.6	0.2	0

"评价要素"得分＝配分×等级比值。

评分细则参考答案：（尽量将细则内容写在上面的表格内，写不下可另写，但要具体可评判）。

备注：（1）所做品种送评3只，数量不足此品种评定为D。

（2）送评品种与考核品种不符，此品种评定为D。

五、黄油蛋糕制作（试题代码：2.2.1；考核时间：30 min）

1. 试题单

（1）操作条件

1）黄油、鸡蛋、面粉、糖等黄油蛋糕制作原料（考生自备制作 6 只黄油蛋糕原料量）。

2）制作工具：裱花袋 1 个、蛋糕模 6 只。

3）烤制设备：烤箱 1 台、烤盘 1 只。

（2）操作内容

1）调制黄油蛋糕面糊。

2）裱制黄油蛋糕 6 只，约 65 g/只。

（3）操作要求

1）色泽：金黄色、色泽均匀、无焦色。

2）形态：圆形、表面无塌陷、略微开花、形态端正、大小一致。

3）口感：甜度适中、油润、不粘牙。

4）火候：表面无焦点、底火无焦黑。

5）质感：松软、细腻油润、气孔均匀。

6）所做品种送评数量不足，此品种评定为 D。

2. 评分表

试题代码及名称				2.2.1　黄油蛋糕制作		考核时间				30 min
评价要素		配分	等级	评分细则	评定等级					得分
					A	B	C	D	E	
1	色泽 （1）金黄色 （2）色泽均匀 （3）无焦色	3	A	符合评价要素三点						
			B	符合评价要素二点						
			C	符合评价要素一点						
			D	出品不符合上述评价要素						
			E	未答题						
2	形态 （1）圆形端正饱满 （2）大小一致 （3）表面无塌陷	5	A	符合评价要素三点						
			B	符合评价要素二点						
			C	符合评价要素一点						
			D	出品不符合上述评价要素						
			E	未答题						

续表

	评价要素	配分	等级	评分细则	评定等级 A	B	C	D	E	得分
	试题代码及名称			2.2.1 黄油蛋糕制作	考核时间			30 min		
3	口味 (1) 奶香味 (2) 甜度适中 (3) 不粘牙	4	A	符合评价要素三点						
			B	符合评价要素二点						
			C	符合评价要素一点						
			D	出品不符合上述评价要素						
			E	未答题						
4	火候 (1) 面火无焦点 (2) 底火无焦黑 (3) 底火色泽均匀	3	A	符合评价要素三点						
			B	符合评价要素二点						
			C	符合评价要素一点						
			D	出品不符合上述评价要素						
			E	未答题						
5	质感 (1) 松软 (2) 细腻 (3) 气孔均匀	5	A	符合评价要素三点						
			B	符合评价要素二点						
			C	符合评价要素一点						
			D	出品不符合上述评价要素						
			E	未答题						
	合计配分	20		合计得分						

等级	A（优）	B（良）	C（及格）	D（差）	E（未答题）
比值	1.0	0.8	0.6	0.2	0

"评价要素"得分＝配分×等级比值。

评分细则参考答案：（尽量将细则内容写在上面的表格内，写不下可另写，但要具体可评判）。

备注：（1）所做品种送评 6 只，数量不足此品种评定为 D。

（2）送评品种与考核品种不符，此品种评定为 D。

六、核桃蛋糕制作（试题代码：2.2.2；考核时间：30 min)

1. 试题单

（1）操作条件

1）面粉、黄油、糖、鸡蛋、核桃等核桃蛋糕制作原料（考生自备制作 6 只核桃蛋糕原料量）。

2）制作工具：裱花袋 1 个、蛋糕模 6 只。

3）烤制设备：设备：烤箱 1 台、烤盘 1 只。

（2）操作内容

1）调制核桃蛋糕面糊。

2）裱制核桃蛋糕 6 只，约 65 g/只。

（3）操作要求

1）色泽：表面黄褐色、色泽均匀、无焦色。

2）形态：圆形、端正、饱满、表面开花。

3）口感：核桃味、甜度适中。

4）火候：表面无焦点、底火无焦黑。

5）质感：松软、细腻、气孔均匀。

6）所做品种送评数量不足，此品种评定为 D。

2．评分表

试题代码及名称			2.2.2　核桃蛋糕制作	考核时间				30 min
评价要素	配分	等级	评分细则	评定等级				得分
				A	B	C	D	E
1　色泽 （1）黄褐色 （2）色泽均匀 （3）无焦色	3	A	符合评价要素三点					
		B	符合评价要素二点					
		C	符合评价要素一点					
		D	出品不符合上述评价要素					
		E	未答题					
2　形态 （1）圆形端正饱满 （2）大小一致 （3）表面无塌陷	5	A	符合评价要素三点					
		B	符合评价要素二点					
		C	符合评价要素一点					
		D	出品不符合上述评价要素					
		E	未答题					

试题代码及名称			2.2.2 核桃蛋糕制作				考核时间			30 min	
评价要素	配分	等级	评分细则	评定等级						得分	
				A	B	C	D	E		
3 口味 （1）核桃味 （2）甜度适中 （3）不粘牙	4	A	符合评价要素三点							
		B	符合评价要素二点							
		C	符合评价要素一点							
		D	出品不符合上述评价要素							
		E	未答题							
4 火候 （1）面火无焦点 （2）底火无焦黑 （3）底火色泽均匀	3	A	符合评价要素三点							
		B	符合评价要素二点							
		C	符合评价要素一点							
		D	出品不符合上述评价要素							
		E	未答题							
5 质感 （1）松软 （2）细腻 （3）气孔均匀	5	A	符合评价要素三点							
		B	符合评价要素二点							
		C	符合评价要素一点							
		D	出品不符合上述评价要素							
		E	未答题							
合计配分	20		合计得分							

等级	A（优）	B（良）	C（及格）	D（差）	E（未答题）
比值	1.0	0.8	0.6	0.2	0

"评价要素"得分＝配分×等级比值。

评分细则参考答案：（尽量将细则内容写在上面的表格内，写不下可另写，但要具体可评判）。

备注：（1）所做品种送评6只，数量不足此品种评定为D。

（2）送评品种与考核品种不符，此品种评定为D。

七、水果蛋糕制作（试题代码：2.2.3；考核时间：30 min）

1. 试题单

（1）操作条件

1）黄油、鸡蛋、面粉、糖、果仁等水果蛋糕制作原料（考生自备制作 6 只水果蛋糕原料量）。

2）制作工具：裱花袋 1 个、蛋糕模 6 只。

3）烤制设备：烤箱 1 台、烤盘 1 只。

（2）操作内容

1）调制水果蛋糕面糊。

2）裱制水果蛋糕 6 只，约 75 g/只。

（3）操作要求

1）色泽：金黄色、色泽均匀、无焦色。

2）形态：圆形，表面无塌陷、略微开花、形态端正、大小一致。

3）口感：甜度适中、油润、不粘牙。

4）火候：表面无焦点、底火无焦黑。

5）质感：松软、细腻油润、气孔均匀。

6）所做品种送评数量不足，此品种评定为 D。

2. 评分表

试题代码及名称			2.2.3　水果蛋糕制作		考核时间			30 min	
评价要素	配分	等级	评分细则	评定等级					得分
				A	B	C	D	E	
1　色泽 （1）金黄色 （2）色泽均匀 （3）无焦色	3	A	符合评价要素三点						
		B	符合评价要素二点						
		C	符合评价要素一点						
		D	出品不符合上述评价要素						
		E	未答题						
2　形态 （1）圆形端正饱满 （2）大小一致 （3）表面无塌陷	5	A	符合评价要素三点						
		B	符合评价要素二点						
		C	符合评价要素一点						
		D	出品不符合上述评价要素						
		E	未答题						

试题代码及名称			2.2.3　水果蛋糕制作		考核时间					30 min
评价要素		配分	等级	评分细则	评定等级					得分
					A	B	C	D	E	
3	口味 (1) 水果味 (2) 甜度适中 (3) 不粘牙	4	A	符合评价要素三点						
			B	符合评价要素二点						
			C	符合评价要素一点						
			D	出品不符合上述评价要素						
			E	未答题						
4	火候 (1) 面火无焦点 (2) 底火无焦黑 (3) 底火色泽均匀	3	A	符合评价要素三点						
			B	符合评价要素二点						
			C	符合评价要素一点						
			D	出品不符合上述评价要素						
			E	未答题						
5	质感 (1) 松软 (2) 细腻 (3) 气孔均匀	5	A	符合评价要素三点						
			B	符合评价要素二点						
			C	符合评价要素一点						
			D	出品不符合上述评价要素						
			E	未答题						
合计配分		20		合计得分						

等级	A（优）	B（良）	C（及格）	D（差）	E（未答题）
比值	1.0	0.8	0.6	0.2	0

"评价要素"得分＝配分×等级比值。

评分细则参考答案：（尽量将细则内容写在上面的表格内，写不下可另写，但要具体可评判）。

备注：（1）所做品种送评6只，数量不足此品种评定为D。

（2）送评品种与考核品种不符，此品种评定为D。

八、巧克力麦芬制作（试题代码：2.2.4；考核时间：30 min）

1. 试题单

（1）操作条件

1）黄油、鸡蛋、面粉、糖、可可粉等巧克力麦芬制作原料（考生自备制作 6 只巧克力麦芬原料量）。

2）制作工具：裱花袋 1 个、蛋糕模 6 只。

3）烤制设备：烤箱 1 台、烤盘 1 只。

（2）操作内容

1）调制巧克力麦芬面糊。

2）裱制巧克力麦芬 6 只，约 65 g/只。

（3）操作要求

1）色泽：巧克力色、色泽均匀、无焦色。

2）形态：圆形、表面无塌陷、略微开花、形态端正、大小一致。

3）口感：巧克力味、甜度适中、油润、不粘牙。

4）火候：表面无焦点、底火无焦黑。

5）质感：松软、细腻油润、气孔均匀。

6）所做品种送评数量不足，此品种评定为 D。

2. 评分表

试题代码及名称			2.2.4　巧克力麦芬制作		考核时间				30 min
评价要素	配分	等级	评分细则		评定等级				得分
					A	B	C	D	E
1	色泽 （1）巧克力色 （2）色泽均匀 （3）无焦色	3	A	符合评价要素三点					
			B	符合评价要素二点					
			C	符合评价要素一点					
			D	出品不符合上述评价要素					
			E	未答题					
2	形态 （1）圆形端正饱满 （2）大小一致 （3）表面无塌陷	5	A	符合评价要素三点					
			B	符合评价要素二点					
			C	符合评价要素一点					
			D	出品不符合上述评价要素					
			E	未答题					

试题代码及名称				2.2.4 巧克力麦芬制作						考核时间	30 min
评价要素		配分	等级	评分细则	评定等级						得分
					A	B	C	D	E		
3	口味 (1) 巧克力味 (2) 甜度适中 (3) 不粘牙	4	A	符合评价要素三点							
			B	符合评价要素二点							
			C	符合评价要素一点							
			D	出品不符合上述评价要素							
			E	未答题							
4	火候 (1) 面火无焦点 (2) 底火无焦黑 (3) 底火色泽均匀	3	A	符合评价要素三点							
			B	符合评价要素二点							
			C	符合评价要素一点							
			D	出品不符合上述评价要素							
			E	未答题							
5	质感 (1) 松软 (2) 细腻 (3) 气孔均匀	5	A	符合评价要素三点							
			B	符合评价要素二点							
			C	符合评价要素一点							
			D	出品不符合上述评价要素							
			E	未答题							
合计配分		20		合计得分							

等级	A（优）	B（良）	C（及格）	D（差）	E（未答题）
比值	1.0	0.8	0.6	0.2	0

"评价要素"得分＝配分×等级比值。

评分细则参考答案：（尽量将细则内容写在上面的表格内，写不下可另写，但要具体可评判）。

备注：（1）所做品种送评 6 只，数量不足此品种评定为 D。

（2）送评品种与考核品种不符，此品种评定为 D。

九、蓝莓麦芬制作（试题代码：2.2.5；考核时间：30 min）

1. 试题单

（1）操作条件

1）黄油、鸡蛋、面粉、糖、蓝莓等蓝莓麦芬制作原料（考生自备制作 6 只蓝莓麦芬原料量）。

2）制作工具：裱花袋 1 个、蛋糕模 6 只。

3）烤制设备：烤箱 1 台、烤盘 1 只。

（2）操作内容

1）调制蓝莓麦芬面糊。

2）裱制蓝莓麦芬 6 只，约 75 g/只。

（3）操作要求

1）色泽：棕黄色、色泽均匀、无焦色。

2）形态：圆形、表面无塌陷、略微开花、形态端正、大小一致。

3）口感：蓝莓味、甜度适中、油润、不粘牙。

4）火候：表面无焦点、底火无焦黑。

5）质感：松软、细腻油润、气孔均匀。

6）所做品种送评数量不足，此品种评定为 D。

2. 评分表

试题代码及名称			2.2.5 蓝莓麦芬制作		考核时间				30 min
评价要素	配分	等级	评分细则	评定等级					得分
				A	B	C	D	E	
1	色泽 （1）棕黄色 （2）色泽均匀 （3）无焦色	3	A	符合评价要素三点					
			B	符合评价要素二点					
			C	符合评价要素一点					
			D	出品不符合上述评价要素					
			E	未答题					
2	形态 （1）圆形端正饱满 （2）大小一致 （3）表面无塌陷	5	A	符合评价要素三点					
			B	符合评价要素二点					
			C	符合评价要素一点					
			D	出品不符合上述评价要素					
			E	未答题					

续表

试题代码及名称			2.2.5 蓝莓麦芬制作		考核时间				30 min	
评价要素		配分	等级	评分细则	评定等级					得分
					A	B	C	D	E	
3	口味 (1) 蓝莓味 (2) 甜度适中 (3) 不粘牙	4	A	符合评价要素三点						
			B	符合评价要素二点						
			C	符合评价要素一点						
			D	出品不符合上述评价要素						
			E	未答题						
4	火候 (1) 面火无焦点 (2) 底火无焦黑 (3) 底火色泽均匀	3	A	符合评价要素三点						
			B	符合评价要素二点						
			C	符合评价要素一点						
			D	出品不符合上述评价要素						
			E	未答题						
5	质感 (1) 松软 (2) 细腻 (3) 气孔均匀	5	A	符合评价要素三点						
			B	符合评价要素二点						
			C	符合评价要素一点						
			D	出品不符合上述评价要素						
			E	未答题						
合计配分		20		合计得分						

等级	A（优）	B（良）	C（及格）	D（差）	E（未答题）
比值	1.0	0.8	0.6	0.2	0

"评价要素"得分＝配分×等级比值。

评分细则参考答案：（尽量将细则内容写在上面的表格内，写不下可另写，但要具体可评判）。

备注：（1）所做品种送评6只，数量不足此品种评定为D。

（2）送评品种与考核品种不符，此品种评定为D。

面包制作

一、面包糖纳兹制作（试题代码：3.1.2；考核时间：60 min）

1. 试题单

（1）操作条件

1）面粉、黄油、糖、鸡蛋、盐、酵母等糖纳兹制作原料（考生自备制作 6 只面包糖纳兹原料量）。

2）制作设备：搅拌机 1 台、醒发箱 1 台。

3）烤制设备：烤箱 1 台、烤盘 1 只。

（2）操作内容

1）调制糖纳兹面团。

2）制作糖纳兹 6 只，约 55 g/只。

（3）操作要求

1）色泽：表面金黄色、色泽均匀、无焦色。

2）形态：圆圈形、大小均匀、端正饱满。

3）口感：甜度适中、不粘牙。

4）火候：表面无焦点、底火无焦黑。

5）质感：松软、气孔均匀、有弹性。

6）所做品种送评数量不足，此品种评定为 D。

2. 评分表

试题代码及名称			3.1.2　面包糖纳兹制作		考核时间				60 min
评价要素	配分	等级	评分细则		评定等级				得分
					A	B	C	D	E	
1　色泽 （1）金黄色 （2）色泽均匀 （3）无焦色	3	A	符合评价要素三点						
		B	符合评价要素二点						
		C	符合评价要素一点						
		D	出品不符合上述评价要素						
		E	未答题						

续表

试题代码及名称					3.1.2　面包糖纳兹制作		考核时间				60 min
评价要素		配分	等级	评分细则		评定等级					得分
						A	B	C	D	E	
2	形态 (1) 圆圈形 (2) 端正饱满 (3) 大小均匀	5	A	符合评价要素三点							
			B	符合评价要素二点							
			C	符合评价要素一点							
			D	出品不符合上述评价要素							
			E	未答题							
3	口味 (1) 面团甜味 (2) 甜度适中 (3) 不粘牙	4	A	符合评价要素三点							
			B	符合评价要素二点							
			C	符合评价要素一点							
			D	出品不符合上述评价要素							
			E	未答题							
4	火候 (1) 面火无焦点 (2) 底火无焦黑 (3) 底火色泽均匀	3	A	符合评价要素三点							
			B	符合评价要素二点							
			C	符合评价要素一点							
			D	出品不符合上述评价要素							
			E	未答题							
5	质感 (1) 松软 (2) 有弹性 (3) 气孔均匀	5	A	符合评价要素三点							
			B	符合评价要素二点							
			C	符合评价要素一点							
			D	出品不符合上述评价要素							
			E	未答题							
合计配分		20		合计得分							

等级	A（优）	B（良）	C（及格）	D（差）	E（未答题）
比值	1.0	0.8	0.6	0.2	0

"评价要素"得分＝配分×等级比值。

评分细则参考答案：（尽量将细则内容写在上面的表格内，写不下可另写，但要具体可评判）。

备注：（1）所做品种送评6只，数量不足此品种评定为D。

　　　（2）送评品种与考核品种不符，此品种评定为D。

二、豆沙面包制作（试题代码：3.1.3；考核时间：60 min）

1. 试题单

（1）操作条件

1）面粉、黄油、糖、鸡蛋、盐、酵母、豆沙等豆沙面包制作原料（考生自备制作 6 只豆沙面包原料量）。

2）制作设备：搅拌机 1 台、醒发箱 1 台。

3）烤制设备：烤箱 1 台、烤盘 1 只。

（2）操作内容

1）调制豆沙面包面团。

2）制作豆沙面包 6 只，约 55 g/只。

（3）操作要求

1）色泽：表面金黄色、色泽均匀、无焦色。

2）形态：马蹄形、大小均匀、端正饱满、刀划纹均匀。

3）口感：甜度适中、不粘牙。

4）火候：表面无焦点、底火无焦黑。

5）质感：松软、气孔均匀、有弹性。

6）所做品种送评数量不足，此品种评定为 D。

2. 评分表

试题代码及名称				3.1.3　豆沙面包制作	考核时间				60 min
评价要素		配分	等级	评分细则	评定等级				得分
					A	B	C	D	E
1	色泽 （1）金黄色 （2）色泽均匀 （3）无焦色	3	A	符合评价要素三点					
			B	符合评价要素二点					
			C	符合评价要素一点					
			D	出品不符合上述评价要素					
			E	未答题					

续表

试题代码及名称				3.1.3 豆沙面包制作						考核时间		60 min
评价要素		配分	等级	评分细则	评定等级							得分
					A	B	C	D	E			
2	形态 (1) 马蹄形，大小均匀 (2) 端正饱满 (3) 刀划纹均匀	5	A	符合评价要素三点								
			B	符合评价要素二点								
			C	符合评价要素一点								
			D	出品不符合上述评价要素								
			E	未答题								
3	口味 (1) 豆沙馅味 (2) 面团甜味 (3) 不粘牙	4	A	符合评价要素三点								
			B	符合评价要素二点								
			C	符合评价要素一点								
			D	出品不符合上述评价要素								
			E	未答题								
4	火候 (1) 面火无焦点 (2) 底火无焦黑 (3) 底火色泽均匀	3	A	符合评价要素三点								
			B	符合评价要素二点								
			C	符合评价要素一点								
			D	出品不符合上述评价要素								
			E	未答题								
5	质感 (1) 松软 (2) 有弹性 (3) 气孔均匀	5	A	符合评价要素三点								
			B	符合评价要素二点								
			C	符合评价要素一点								
			D	出品不符合上述评价要素								
			E	未答题								
合计配分		20		合计得分								

等级	A（优）	B（良）	C（及格）	D（差）	E（未答题）
比值	1.0	0.8	0.6	0.2	0

"评价要素"得分＝配分×等级比值。

评分细则参考答案：（尽量将细则内容写在上面的表格内，写不下可另写，但要具体可评判）。

备注：（1）所做品种送评6只，数量不足此品种评定为D。

（2）送评品种与考核品种不符，此品种评定为D。

三、辫子面包制作（试题代码：3.1.4；考核时间：60 min）

1. 试题单

（1）操作条件

1）面粉、黄油、糖、鸡蛋、盐、酵母等辫子面包制作原料（考生自备制作 6 只辫子面包原料量）。

2）制作设备：搅拌机 1 台、醒发箱 1 台。

3）烤制设备：烤箱 1 台、烤盘 1 只。

（2）操作内容

1）调制辫子面包面团。

2）制作辫子面包 6 只，约 70 g/只。

（3）操作要求

1）色泽：表面金黄色、色泽均匀、无焦色。

2）形态：三股辫子状、粗细均匀、大小均匀。

3）口感：甜度适中、不粘牙。

4）火候：表面无焦点、底火无焦黑。

5）质感：松软、气孔均匀、有弹性。

6）所做品种送评数量不足，此品种评定为 D。

2. 评分表

试题代码及名称			3.1.4　辫子面包制作	考核时间					60 min
评价要素	配分	等级	评分细则	评定等级					得分
				A	B	C	D	E	
1　色泽 （1）金黄色 （2）色泽均匀 （3）无焦色	3	A	符合评价要素三点						
		B	符合评价要素二点						
		C	符合评价要素一点						
		D	出品不符合上述评价要素						
		E	未答题						

续表

试题代码及名称			3.1.4 辫子面包制作						考核时间		60 min
评价要素		配分	等级	评分细则	评定等级						得分
					A	B	C	D	E		
2	形态 (1) 三股辫子状 (2) 粗细均匀 (3) 大小均匀	5	A	符合评价要素三点							
			B	符合评价要素二点							
			C	符合评价要素一点							
			D	出品不符合上述评价要素							
			E	未答题							
3	口味 (1) 面团甜味 (2) 甜度适中 (3) 不粘牙	4	A	符合评价要素三点							
			B	符合评价要素二点							
			C	符合评价要素一点							
			D	出品不符合上述评价要素							
			E	未答题							
4	火候 (1) 面火无焦点 (2) 底火无焦黑 (3) 底火色泽均匀	3	A	符合评价要素三点							
			B	符合评价要素二点							
			C	符合评价要素一点							
			D	出品不符合上述评价要素							
			E	未答题							
5	质感 (1) 松软 (2) 有弹性 (3) 气孔均匀	5	A	符合评价要素三点							
			B	符合评价要素二点							
			C	符合评价要素一点							
			D	出品不符合上述评价要素							
			E	未答题							
合计配分		20		合计得分							

等级	A（优）	B（良）	C（及格）	D（差）	E（未答题）
比值	1.0	0.8	0.6	0.2	0

"评价要素"得分＝配分×等级比值。

评分细则参考答案：（尽量将细则内容写在上面的表格内，写不下可另写，但要具体可评判）。

备注：（1）所做品种送评 6 只，数量不足此品种评定为 D。

（2）送评品种与考核品种不符，此品种评定为 D。

四、墨西哥包制作（试题代码：3.1.5；考核时间：60 min）

1. 试题单

（1）操作条件

1）面粉、黄油、糖、鸡蛋、盐、酵母等墨西哥包制作原料（考生自备制作 6 只墨西哥包原料量）。

2）制作设备：搅拌机 1 台、醒发箱 1 台。

3）烤制设备：烤箱 1 台、烤盘 1 只。

（2）操作内容

1）调制墨西哥包面团。

2）制作墨西哥包 6 只，约 55 g/只。

（3）操作要求

1）色泽：表面金黄色、色泽均匀、无焦色。

2）形态：圆形、大小均匀、端正饱满。

3）口感：甜度适中、表面酥松、不粘牙。

4）火候：表面无焦点、底火无焦黑。

5）质感：松软、气孔均匀、有弹性。

6）所做品种送评数量不足，此品种评定为 D。

2. 评分表

试题代码及名称				3.1.5　墨西哥包制作	考核时间				60 min
评价要素	配分	等级	评分细则		评定等级				得分
					A	B	C	D	E	
1　色泽 （1）金黄色 （2）色泽均匀 （3）无焦色	3	A	符合评价要素三点							
		B	符合评价要素二点							
		C	符合评价要素一点							
		D	出品不符合上述评价要素							
		E	未答题							

续表

试题代码及名称		3.1.5　墨西哥包制作			考核时间				60 min	
评价要素		配分	等级	评分细则	评定等级					得分
					A	B	C	D	E	
2	形态 (1) 圆形 (2) 端正饱满 (3) 大小均匀	5	A	符合评价要素三点						
			B	符合评价要素二点						
			C	符合评价要素一点						
			D	出品不符合上述评价要素						
			E	未答题						
3	口味 (1) 表面酥松 (2) 面团甜味适中 (3) 不粘牙	4	A	符合评价要素三点						
			B	符合评价要素二点						
			C	符合评价要素一点						
			D	出品不符合上述评价要素						
			E	未答题						
4	火候 (1) 面火无焦点 (2) 底火无焦黑 (3) 底火色泽均匀	3	A	符合评价要素三点						
			B	符合评价要素二点						
			C	符合评价要素一点						
			D	出品不符合上述评价要素						
			E	未答题						
5	质感 (1) 松软 (2) 有弹性 (3) 气孔均匀	5	A	符合评价要素三点						
			B	符合评价要素二点						
			C	符合评价要素一点						
			D	出品不符合上述评价要素						
			E	未答题						
合计配分		20		合计得分						

等级	A（优）	B（良）	C（及格）	D（差）	E（未答题）
比值	1.0	0.8	0.6	0.2	0

"评价要素"得分＝配分×等级比值。

评分细则参考答案：（尽量将细则内容写在上面的表格内，写不下可另写，但要具体可评判）。

备注：（1）所做品种送评 6 只，数量不足此品种评定为 D。

（2）送评品种与考核品种不符，此品种评定为 D。

五、红豆吐司面包制作 (作试题代码: 3.1.6; 考核时间: 60 min)

1. 试题单

(1) 操作条件

1) 面粉、黄油、糖、鸡蛋、盐、酵母、红豆等红豆吐司面包制作原料 (考生自备制作1只红豆吐司面包原料量)。

2) 制作设备: 面包模1个、搅拌机1台、醒发箱1台。

3) 烤制设备: 烤箱1台、烤盘1只。

(2) 操作内容

1) 调制红豆吐司面包面团。

2) 制作红豆吐司面包1只, 约440 g/只。

(3) 操作要求

1) 色泽: 表面金黄色、色泽均匀、无焦色。

2) 形态: 长方枕状、不收腰、端正饱满。

3) 口感: 甜度适中、不粘牙。

4) 火候: 表面无焦点、底火无焦黑。

5) 质感: 松软、气孔均匀、有弹性。

2. 评分表

试题代码及名称			3.1.6　红豆吐司面包制作	考核时间					60 min
评价要素	配分	等级	评分细则	评定等级					得分
				A	B	C	D	E	
1 色泽 (1) 金黄色 (2) 色泽均匀 (3) 无焦色	3	A	符合评价要素三点						
		B	符合评价要素二点						
		C	符合评价要素一点						
		D	出品不符合上述评价要素						
		E	未答题						
2 形态 (1) 长方枕形 (2) 端正饱满 (3) 不收腰	5	A	符合评价要素三点						
		B	符合评价要素二点						
		C	符合评价要素一点						
		D	出品不符合上述评价要素						
		E	未答题						

试题代码及名称			3.1.6	红豆吐司面包制作	考核时间					60 min
评价要素		配分	等级	评分细则	评定等级					得分
					A	B	C	D	E	
3	口味 (1) 红豆味 (2) 面团甜味适中 (3) 不粘牙	4	A	符合评价要素三点						
			B	符合评价要素二点						
			C	符合评价要素一点						
			D	出品不符合上述评价要素						
			E	未答题						
4	火候 (1) 面火无焦点 (2) 底火无焦黑 (3) 底火色泽均匀	3	A	符合评价要素三点						
			B	符合评价要素二点						
			C	符合评价要素一点						
			D	出品不符合上述评价要素						
			E	未答题						
5	质感 (1) 松软 (2) 有弹性 (3) 气孔均匀	5	A	符合评价要素三点						
			B	符合评价要素二点						
			C	符合评价要素一点						
			D	出品不符合上述评价要素						
			E	未答题						
合计配分		20		合计得分						

等级	A（优）	B（良）	C（及格）	D（差）	E（未答题）
比值	1.0	0.8	0.6	0.2	0

"评价要素"得分＝配分×等级比值。

评分细则参考答案：（尽量将细则内容写在上面的表格内，写不下可另写，但要具体可评判）。

备注：送评品种与考核品种不符，此品种评定为 D。

六、菠萝面包制作（试题代码：3.1.7；考核时间：60 min）

1. 试题单

（1）操作条件

1）面粉、黄油、糖、鸡蛋、盐、酵母等菠萝面包制作原料（考生自备制作 6 只菠萝面包原料量）。

2）制作设备：搅拌机 1 台、醒发箱 1 台。

3）烤制设备：烤箱 1 台、烤盘 1 只。

（2）操作内容

1）调制菠萝面包面团。

2）制作菠萝面包 6 只，约 70 g/只。

（3）操作要求

1）色泽：金黄色、色泽均匀、无焦色。

2）形态：圆形表面菠萝纹、大小均匀、端正饱满。

3）口感：甜度适中、表面酥松、不粘牙。

4）火候：表面无焦点、底火无焦黑。

5）质感：松软、气孔均匀、有弹性。

6）所做品种送评数量不足，此品种评定为 D。

2. 评分表

试题代码及名称			3.1.7 菠萝面包制作		考核时间				60 min
评价要素	配分	等级	评分细则		评定等级				得分
				A	B	C	D	E	
1	色泽 (1) 金黄色 (2) 色泽均匀 (3) 无焦色	3	A	符合评价要素三点					
			B	符合评价要素二点					
			C	符合评价要素一点					
			D	出品不符合上述评价要素					
			E	未答题					
2	形态 (1) 圆形表面菠萝纹 (2) 端正饱满 (3) 大小均匀	5	A	符合评价要素三点					
			B	符合评价要素二点					
			C	符合评价要素一点					
			D	出品不符合上述评价要素					
			E	未答题					

续表

试题代码及名称			3.1.7	菠萝面包制作		考核时间				60 min
评价要素		配分	等级	评分细则		评定等级				得分
						A	B	C	D	E
3	口味 （1）表面酥松 （2）面团甜味适中 （3）不粘牙	4	A	符合评价要素三点						
			B	符合评价要素二点						
			C	符合评价要素一点						
			D	出品不符合上述评价要素						
			E	未答题						
4	火候 （1）面火无焦点 （2）底火无焦黑 （3）底火色泽均匀	3	A	符合评价要素三点						
			B	符合评价要素二点						
			C	符合评价要素一点						
			D	出品不符合上述评价要素						
			E	未答题						
5	质感 （1）松软 （2）有弹性 （3）气孔均匀	5	A	符合评价要素三点						
			B	符合评价要素二点						
			C	符合评价要素一点						
			D	出品不符合上述评价要素						
			E	未答题						
合计配分		20		合计得分						

等级	A（优）	B（良）	C（及格）	D（差）	E（未答题）
比值	1.0	0.8	0.6	0.2	0

"评价要素"得分＝配分×等级比值。

评分细则参考答案：（尽量将细则内容写在上面的表格内，写不下可另写，但要具体可评判）。

备注：（1）所做品种送评 6 只，数量不足此品种评定为 D。

（2）送评品种与考核品种不符，此品种评定为 D。

七、葱油火腿包制作（试题代码：3.1.8；考核时间：60 min）

1. 试题单

（1）操作条件

1）面粉、黄油、糖、鸡蛋、盐、酵母、葱、火腿等葱油火腿包制作原料（考生自备制作 6 只葱油火腿包原料量）。

2）制作设备：搅拌机 1 台、醒发箱 1 台。

3）烤制设备：烤箱 1 台、烤盘 1 只。

（2）操作内容

1）调制葱油火腿包面团。

2）制作葱油火腿包 6 只，约 70 g/只。

（3）操作要求

1）色泽：金黄色、色泽均匀、无焦色。

2）形态：梭子形、大小均匀、端正饱满。

3）口感：甜度适中、馅料咸鲜味适中、不粘牙。

4）火候：表面无焦点、底火无焦黑。

5）质感：松软、气孔均匀、有弹性。

6）所做品种送评数量不足，此品种评定为 D。

2. 评分表

试题代码及名称		3.1.8　葱油火腿包制作			考核时间					60 min
评价要素	配分	等级	评分细则		评定等级					得分
					A	B	C	D	E	
1	色泽 （1）金黄色 （2）色泽均匀 （3）无焦色	3	A	符合评价要素三点						
			B	符合评价要素二点						
			C	符合评价要素一点						
			D	出品不符合上述评价要素						
			E	未答题						
2	形态 （1）梭子形 （2）端正饱满 （3）大小均匀	5	A	符合评价要素三点						
			B	符合评价要素二点						
			C	符合评价要素一点						
			D	出品不符合上述评价要素						
			E	未答题						

续表

试题代码及名称				3.1.8 葱油火腿包制作	考核时间					60 min
评价要素		配分	等级	评分细则	评定等级					得分
					A	B	C	D	E	
3	口味 (1) 馅料咸鲜味适中 (2) 面团甜味适中 (3) 不粘牙	4	A	符合评价要素三点						
			B	符合评价要素二点						
			C	符合评价要素一点						
			D	出品不符合上述评价要素						
			E	未答题						
4	火候 (1) 面火无焦点 (2) 底火无焦黑 (3) 底火色泽均匀	3	A	符合评价要素三点						
			B	符合评价要素二点						
			C	符合评价要素一点						
			D	出品不符合上述评价要素						
			E	未答题						
5	质感 (1) 松软 (2) 有弹性 (3) 气孔均匀	5	A	符合评价要素三点						
			B	符合评价要素二点						
			C	符合评价要素一点						
			D	出品不符合上述评价要素						
			E	未答题						
合计配分		20		合计得分						

等级	A（优）	B（良）	C（及格）	D（差）	E（未答题）
比值	1.0	0.8	0.6	0.2	0

"评价要素"得分＝配分×等级比值。

评分细则参考答案：（尽量将细则内容写在上面的表格内，写不下可另写，但要具体可评判）。

备注：（1）所做品种送评 6 只，数量不足此品种评定为 D。

（2）送评品种与考核品种不符，此品种评定为 D。

八、色拉面包制作（试题代码：3.1.9；考核时间：60 min）

1. 试题单

（1）操作条件

1）面粉、黄油、糖、鸡蛋、盐、酵母、色拉酱等色拉面包制作原料（考生自备制作 6 只色拉面包原料量）。

2）制作设备：搅拌机 1 台、醒发箱 1 台。

3）烤制设备：烤箱 1 台、烤盘 1 只。

（2）操作内容

1）调制色拉面包面团。

2）制作色拉面包 6 只，约 70 g/只。

（3）操作要求

1）色泽：金黄色、色泽均匀、无焦色。

2）形态：梭子形、大小均匀、端正饱满。

3）口感：面团甜度适中、色拉馅料咸味适中、不粘牙。

4）火候：表面无焦点、底火无焦黑。

5）质感：松软、气孔均匀、有弹性。

6）所做品种送评数量不足，此品种评定为 D。

2. 评分表

试题代码及名称			3.1.9　色拉面包制作		考核时间			60 min
评价要素	配分	等级	评分细则	评定等级				得分
				A	B	C	D	E
1　色泽 （1）金黄色 （2）色泽均匀 （3）无焦色	3	A	符合评价要素三点					
		B	符合评价要素二点					
		C	符合评价要素一点					
		D	出品不符合上述评价要素					
		E	未答题					
2　形态 （1）梭子形 （2）端正饱满 （3）大小均匀	5	A	符合评价要素三点					
		B	符合评价要素二点					
		C	符合评价要素一点					
		D	出品不符合上述评价要素					
		E	未答题					

试题代码及名称			3.1.9 色拉面包制作		考核时间			60 min	
评价要素	配分	等级	评分细则	评定等级					得分
				A	B	C	D	E	
3 口味 (1) 色拉馅料咸味适中 (2) 面团甜味适中 (3) 不粘牙	4	A	符合评价要素三点						
		B	符合评价要素二点						
		C	符合评价要素一点						
		D	出品不符合上述评价要素						
		E	未答题						
4 火候 (1) 面火无焦点 (2) 底火无焦黑 (3) 底火色泽均匀	3	A	符合评价要素三点						
		B	符合评价要素二点						
		C	符合评价要素一点						
		D	出品不符合上述评价要素						
		E	未答题						
5 质感 (1) 松软 (2) 有弹性 (3) 气孔均匀	5	A	符合评价要素三点						
		B	符合评价要素二点						
		C	符合评价要素一点						
		D	出品不符合上述评价要素						
		E	未答题						
合计配分	20		合计得分						

等级	A（优）	B（良）	C（及格）	D（差）	E（未答题）
比值	1.0	0.8	0.6	0.2	0

"评价要素"得分＝配分×等级比值。

评分细则参考答案：（尽量将细则内容写在上面的表格内，写不下可另写，但要具体可评判）。

备注：（1）所做品种送评6只，数量不足此品种评定为D。

（2）送评品种与考核品种不符，此品种评定为D。

九、葡萄面包制作（试题代码：3.1.10；考核时间：60 min）

1. 试题单

（1）操作条件

1）面粉、黄油、糖、鸡蛋、盐、酵母、葡萄干等葡萄面包制作原料（考生自备制作 6 只葡萄面包原料量）。

2）制作设备：搅拌机 1 台、醒发箱 1 台。

3）烤制设备：烤箱 1 台、烤盘 1 只。

（2）操作内容

1）调制葡萄面包面团。

2）制作葡萄面包 6 只，约 55 g/只。

（3）操作要求

1）色泽：金黄色、色泽均匀、无焦色。

2）形态：圆形、大小均匀、端正饱满。

3）口感：面团甜度适中、葡萄味、不粘牙。

4）火候：表面无焦点、底火无焦黑。

5）质感：松软、气孔均匀、有弹性。

6）所做品种送评数量不足，此品种评定为 D。

2. 评分表

试题代码及名称				3.1.10　葡萄面包制作	考核时间				60 min	
评价要素	配分	等级	评分细则		评定等级					得分
					A	B	C	D	E	
1	色泽 （1）金黄色 （2）色泽均匀 （3）无焦色	3	A	符合评价要素三点						
			B	符合评价要素二点						
			C	符合评价要素一点						
			D	出品不符合上述评价要素						
			E	未答题						
2	形态 （1）圆形 （2）端正饱满 （3）大小均匀	5	A	符合评价要素三点						
			B	符合评价要素二点						
			C	符合评价要素一点						
			D	出品不符合上述评价要素						
			E	未答题						

续表

试题代码及名称			3.1.10　葡萄面包制作					考核时间		60 min
评价要素	配分	等级	评分细则							得分
				A	B	C	D	E		

	评价要素	配分	等级	评分细则	A	B	C	D	E	得分
3	口味 (1) 葡萄味 (2) 面团甜味适中 (3) 不粘牙	4	A	符合评价要素三点						
			B	符合评价要素二点						
			C	符合评价要素一点						
			D	出品不符合上述评价要素						
			E	未答题						
4	火候 (1) 面火无焦点 (2) 底火无焦黑 (3) 底火色泽均匀	3	A	符合评价要素三点						
			B	符合评价要素二点						
			C	符合评价要素一点						
			D	出品不符合上述评价要素						
			E	未答题						
5	质感 (1) 松软 (2) 有弹性 (3) 气孔均匀	5	A	符合评价要素三点						
			B	符合评价要素二点						
			C	符合评价要素一点						
			D	出品不符合上述评价要素						
			E	未答题						
合计配分	20		合计得分							

等级	A（优）	B（良）	C（及格）	D（差）	E（未答题）
比值	1.0	0.8	0.6	0.2	0

"评价要素"得分＝配分×等级比值。

评分细则参考答案：（尽量将细则内容写在上面的表格内，写不下可另写，但要具体可评判）。

备注：（1）所做品种送评 6 只，数量不足此品种评定为 D。

（2）送评品种与考核品种不符，此品种评定为 D。

果冻制作

一、芒果冻制作（试题代码：4.1.2；考核时间：25 min）

1. 试题单

（1）操作条件

1）明胶片、砂糖、芒果等芒果冻制作原料（考生自备制作 3 只芒果冻原料量）。

2）制作工具：单柄锅 1 个、瓦斯炉 1 台、果冻模 3 只。

3）制作设备：冰箱 1 台。

（2）操作内容

1）调制芒果冻液。

2）制作芒果冻 3 只，直径约 8 cm、约 150 g/只。

3）脱模送评。

（3）操作要求

1）色泽：芒果色晶莹剔透、装饰美观、色泽均匀。

2）形态：脱模完整、大小均匀、无缺损。

3）口感：芒果味、甜酸度适中。

4）火候：无焦色、晶莹透明、无凝固物。

5）质感：滑、嫩、软。

6）所做品种送评数量不足，此品种评定为 D。

7）未按考评要求脱模，此品种评定为 D。

2. 评分表

试题代码及名称			4.1.2　芒果冻制作		考核时间				25 min
评价要素	配分	等级	评分细则	评定等级					得分
				A	B	C	D	E	
1　色泽 （1）芒果色晶莹剔透 （2）装饰美观 （3）色泽均匀	1	A	符合评价要素三点						
		B	符合评价要素二点						
		C	符合评价要素一点						
		D	出品不符合上述评价要素						
		E	未答题						

续表

试题代码及名称				4.1.2　芒果冻制作	考核时间					25 min
评价要素		配分	等级	评分细则	评定等级					得分
					A	B	C	D	E	
2	形态 (1) 脱模完整 (2) 大小均匀 (3) 端正无缺损	3	A	符合评价要素三点						
			B	符合评价要素二点						
			C	符合评价要素一点						
			D	出品不符合上述评价要素						
			E	未答题						
3	口味 (1) 芒果味 (2) 甜酸度适中 (3) 爽滑	2	A	符合评价要素三点						
			B	符合评价要素二点						
			C	符合评价要素一点						
			D	出品不符合上述评价要素						
			E	未答题						
4	火候 (1) 无焦色 (2) 透明状 (3) 无凝固物	1	A	符合评价要素三点						
			B	符合评价要素二点						
			C	符合评价要素一点						
			D	出品不符合上述评价要素						
			E	未答题						
5	质感 (1) 滑 (2) 嫩 (3) 软	3	A	符合评价要素三点						
			B	符合评价要素二点						
			C	符合评价要素一点						
			D	出品不符合上述评价要素						
			E	未答题						
合计配分		10		合计得分						

等级	A（优）	B（良）	C（及格）	D（差）	E（未答题）
比值	1.0	0.8	0.6	0.2	0

"评价要素"得分＝配分×等级比值。

评分细则参考答案：（尽量将细则内容写在上面的表格内，写不下可另写，但要具体可评判）。

备注：（1）所做品种送评3只，数量不足此品种评定为D。

（2）未按考评要求脱模，此品种评定为D。

（3）送评品种与考核品种不符，此品种评定为D。

二、橙汁冻制作（试题代码：4.1.3；考核时间：25 min）

1. 试题单

（1）操作条件

1）明胶片、砂糖、橙汁等橙汁冻制作原料（考生自备制作 3 只橙汁冻原料量）。

2）制作工具：单柄锅 1 个、瓦斯炉 1 台、果冻模 3 只。

3）制作设备：冰箱 1 台。

（2）操作内容

1）调制橙汁冻液。

2）制作橙汁冻 3 只，直径约 8 cm、约 150 g/只。

3）脱模送评。

（3）操作要求

1）色泽：橙本色晶莹剔透、装饰美观、色泽均匀。

2）形态：脱模完整、大小均匀、无缺损。

3）口感：橙味、甜酸度适中。

4）火候：无焦色、晶莹透明、无凝固物。

5）质感：滑、嫩、软。

6）所做品种送评数量不足，此品种评定为 D。

7）未按考评要求脱模，此品种评定为 D。

2. 评分表

试题代码及名称			4.1.3　橙汁冻制作	考核时间				25 min
评价要素	配分	等级	评分细则	评定等级				得分
				A	B	C	D	E
1　色泽 （1）橙色晶莹剔透 （2）装饰美观 （3）色泽均匀	1	A	符合评价要素三点					
		B	符合评价要素二点					
		C	符合评价要素一点					
		D	出品不符合上述评价要素					
		E	未答题					

试题代码及名称				4.1.3　橙汁冻制作		考核时间				25 min
评价要素		配分	等级	评分细则	评定等级					得分
					A	B	C	D	E	
2	形态 (1) 脱模完整 (2) 端正无缺损 (3) 大小均匀	3	A	符合评价要素三点						
			B	符合评价要素二点						
			C	符合评价要素一点						
			D	出品不符合上述评价要素						
			E	未答题						
3	口味 (1) 橙味 (2) 甜酸度适中 (3) 爽滑	2	A	符合评价要素三点						
			B	符合评价要素二点						
			C	符合评价要素一点						
			D	出品不符合上述评价要素						
			E	未答题						
4	火候 (1) 无焦色 (2) 透明状 (3) 无凝固物	1	A	符合评价要素三点						
			B	符合评价要素二点						
			C	符合评价要素一点						
			D	出品不符合上述评价要素						
			E	未答题						
5	质感 (1) 滑 (2) 嫩 (3) 软	3	A	符合评价要素三点						
			B	符合评价要素二点						
			C	符合评价要素一点						
			D	出品不符合上述评价要素						
			E	未答题						
合计配分		10		合计得分						

等级	A（优）	B（良）	C（及格）	D（差）	E（未答题）
比值	1.0	0.8	0.6	0.2	0

"评价要素"得分＝配分×等级比值。

评分细则参考答案：（尽量将细则内容写在上面的表格内，写不下可另写，但要具体可评判）。

备注：（1）所做品种送评3只，数量不足此品种评定为D。

　　　　（2）未按考评要求脱模，此品种评定为D。

　　　　（3）送评品种与考核品种不符，此品种评定为D。

三、红葡萄酒果冻制作（试题代码：4.1.4；考核时间：25 min)

1. 试题单

（1）操作条件

1）明胶片、砂糖、红葡萄酒等红葡萄酒果冻制作原料（考生自备制作 3 只红葡萄酒果冻原料量）。

2）制作工具：单柄锅 1 个、瓦斯炉 1 台、果冻模 3 只。

3）制作设备：冰箱 1 台。

（2）操作内容

1）调制红葡萄酒果冻液。

2）制作红葡萄酒果冻 3 只，直径约 8 cm、约 150 g/只。

3）脱模送评。

（3）操作要求

1）色泽：红葡萄酒色晶莹剔透、装饰美观、色泽均匀。

2）形态：脱模完整、大小均匀、无缺损。

3）口感：红葡萄酒味、甜酸度适中。

4）火候：无焦色、晶莹透明、无凝固物。

5）质感：滑、嫩、软。

6）所做品种送评数量不足，此品种评定为D。

7）未按考评要求脱模，此品种评定为D。

2. 评分表

试题代码及名称			4.1.4　红葡萄酒果冻制作	考核时间					25 min
评价要素	配分	等级	评分细则	评定等级					得分
				A	B	C	D	E	
1　色泽 （1）红葡萄酒色晶莹剔透 （2）装饰美观 （3）色泽均匀	1	A	符合评价要素三点						
		B	符合评价要素二点						
		C	符合评价要素一点						
		D	出品不符合上述评价要素						
		E	未答题						

续表

试题代码及名称			4.1.4　红葡萄酒果冻制作		考核时间					25 min
评价要素		配分	等级	评分细则	评定等级					得分
					A	B	C	D	E	
2	形态 (1) 脱模完整 (2) 大小均匀 (3) 端正无缺损	3	A	符合评价要素三点						
			B	符合评价要素二点						
			C	符合评价要素一点						
			D	出品不符合上述评价要素						
			E	未答题						
3	口味 (1) 红葡萄酒味 (2) 甜酸度适中 (3) 爽滑	2	A	符合评价要素三点						
			B	符合评价要素二点						
			C	符合评价要素一点						
			D	出品不符合上述评价要素						
			E	未答题						
4	火候 (1) 无焦色 (2) 透明状 (3) 无凝固物	1	A	符合评价要素三点						
			B	符合评价要素二点						
			C	符合评价要素一点						
			D	出品不符合上述评价要素						
			E	未答题						
5	质感 (1) 滑 (2) 嫩 (3) 软	3	A	符合评价要素三点						
			B	符合评价要素二点						
			C	符合评价要素一点						
			D	出品不符合上述评价要素						
			E	未答题						
合计配分		10		合计得分						

等级	A（优）	B（良）	C（及格）	D（差）	E（未答题）
比值	1.0	0.8	0.6	0.2	0

"评价要素"得分＝配分×等级比值。

评分细则参考答案：（尽量将细则内容写在上面的表格内，写不下可另写，但要具体可评判）。

备注：（1）所做品种送评 3 只，数量不足此品种评定为 D。

（2）未按考评要求脱模，此品种评定为 D。

（3）送评品种与考核品种不符，此品种评定为 D。

四、柠檬果冻制作（试题代码：4.1.5；考核时间：25 min)

1. 试题单

（1）操作条件

1）明胶片、砂糖、柠檬汁等柠檬果冻制作原料（考生自备制作 3 只柠檬果冻原料量)。

2）制作工具：单柄锅 1 个、瓦斯炉 1 台、果冻模 3 只。

3）制作设备：冰箱 1 台。

（2）操作内容

1）调制柠檬果冻液。

2）制作柠檬果冻 3 只直径约 8 cm、约 150 g/只。

3）脱模送评。

（3）操作要求

1）色泽：柠檬色晶莹剔透、装饰美观、色泽均匀。

2）形态：脱模完整、大小均匀、无缺损。

3）口感：柠檬味、甜酸度适中。

4）火候：无焦色、晶莹透明、无凝固物。

5）质感：滑、嫩、软。

6）所做品种送评数量不足，此品种评定为 D。

7）未按考评要求脱模，此品种评定为 D。

2. 评分表

试题代码及名称			4.1.5　柠檬果冻制作		考核时间				25 min
评价要素	配分	等级	评分细则		评定等级				得分
					A	B	C	D	E	
1	色泽 （1）柠檬色晶莹剔透 （2）装饰美观 （3）色泽均匀	1	A	符合评价要素三点						
			B	符合评价要素二点						
			C	符合评价要素一点						
			D	出品不符合上述评价要素						
			E	未答题						

续表

试题代码及名称			4.1.5　柠檬果冻制作		考核时间				25 min
评价要素		配分	等级	评分细则	评定等级				得分
					A	B	C	D	E
2	形态 (1) 脱模完整 (2) 大小均匀 (3) 端正无缺损	3	A	符合评价要素三点					
			B	符合评价要素二点					
			C	符合评价要素一点					
			D	出品不符合上述评价要素					
			E	未答题					
3	口味 (1) 柠檬味 (2) 甜酸度适中 (3) 爽滑	2	A	符合评价要素三点					
			B	符合评价要素二点					
			C	符合评价要素一点					
			D	出品不符合上述评价要素					
			E	未答题					
4	火候 (1) 无焦色 (2) 透明状 (3) 无凝固物	1	A	符合评价要素三点					
			B	符合评价要素二点					
			C	符合评价要素一点					
			D	出品不符合上述评价要素					
			E	未答题					
5	质感 (1) 滑 (2) 嫩 (3) 软	3	A	符合评价要素三点					
			B	符合评价要素二点					
			C	符合评价要素一点					
			D	出品不符合上述评价要素					
			E	未答题					
合计配分		10		合计得分					

等级	A（优）	B（良）	C（及格）	D（差）	E（未答题）
比值	1.0	0.8	0.6	0.2	0

"评价要素"得分=配分×等级比值。

评分细则参考答案：（尽量将细则内容写在上面的表格内，写不下可另写，但要具体可评判）。

备注：（1）所做品种送评3只，数量不足此品种评定为D。

（2）未按考评要求脱模，此品种评定为D。

（3）送评品种与考核品种不符，此品种评定为D。

西式面点师（五级）操作技能——过程评分细则表

考生姓名：　　　　　　　　　　准考证号：

	评价要素	配分	等级	评分细则	评定等级	得分
1	操作卫生： （1）操作中台面干净、卫生。 （2）结束后操作台整理干净、卫生。 （3）地面整理干净、卫生。	4	A	符合鉴定要求三点		
			B	符合鉴定要求二点		
			C	符合鉴定要求一点		
			D	操作未达到上述鉴定要求		
			E	缺考或现场未操作		
2	操作过程： （1）准确使用机械按顺序投料。 （2）掌握搅拌时间、速度。 （3）掌握用擀面棍擀制面坯或裱挤坯料。	5	A	符合鉴定要求三点		
			B	符合鉴定要求二点		
			C	符合鉴定要求一点		
			D	操作未达到上述鉴定要求		
			E	缺考或现场未操作		
3	成形过程： （1）准确掌握中间醒发工序、松弛时间及最后醒发时间。 （2）按产品要求准确选用模具或刀具成形或裱挤成形；使用模具或刀具切割或裱挤工具成形方法准确。 （3）正确选用搓、卷、包、捏等成形操作手法；搓、卷、包、捏等成形操作手法准确。	6	A	符合鉴定要求三点		
			B	符合鉴定要求二点		
			C	符合鉴定要求一点		
			D	操作未达到上述鉴定要求		
			E	缺考或现场未操作		
4	成熟过程： （1）准确掌握火候、熬煮温度。 （2）熟练使用烤箱，准确掌握温度和时间。 （3）正确使用冷冻设备；掌握冷冻温度。	5	A	符合鉴定要求三点		
			B	符合鉴定要求二点		
			C	符合鉴定要求一点		
			D	操作未达到上述鉴定要求		
			E	缺考或现场未操作		
合计配分		20		合计得分		

考评员（签名）

等级	A（优）	B（良）	C（尚可）	D（较差）	E（差或缺考）
比值	1.0	0.8	0.6	0.2	0

"评价要素"得分＝配分×等级比值。

第5部分

理论知识考试模拟试卷及答案

西式面点师（五级）理论知识试卷

注 意 事 项

1. 考试时间：90 min。

2. 请首先按要求在试卷的标封处填写您的姓名、准考证号和所在单位的名称。

3. 请仔细阅读各种题目的回答要求，在规定的位置填写您的答案。

4. 不要在试卷上乱写乱画，不要在标封区填写无关的内容。

	一	二	总分
得分			

得分	
评分人	

一、判断题（第 1 题～第 60 题。将判断结果填入括号中。正确的填"√"，错误的填"×"。每题 0.5 分，满分 30 分。）

1. 职业道德是人们在特定的社会活动中所应遵循的行为规范的总和。 （ ）

2. 职业道德与社会生活关系不密切，关系到社会稳定和和谐，对社会精神文明建设没有促进作用。 （ ）

3. 职业从业人员的职业道德包含爱岗敬业、忠于职守等方面。　　　　（　　　）

4. 积极进取、巧立名目、重视知识、追本逐利是职业人的职业道德。　（　　　）

5. 西式面点制作不仅是烹饪的组成部分，而且是独立于西餐烹调之外的一种庞大的食品加工行业。　　　　　　　　　　　　　　　　　　　　　　　（　　　）

6. 现代西式面点的主要发源地是欧洲。　　　　　　　　　　　　　　（　　　）

7. 按加工工艺分类，西点分为蛋糕类、油酥类、清酥类、面包类、蒸制类等。（　　　）

8. 食品生产经营人员每年必须进行健康检查，健康检查后就可参加工作。（　　　）

9. 保持手的清洁对食品从业人员尤为重要。　　　　　　　　　　　　（　　　）

10. 非细菌性食物中毒是指细菌性食物中毒以外的其他因素引起的食物中毒。（　　　）

11. 营养是人体为了维持正常的生理免疫功能、满足人体生长发育等各方面的需要而摄取和利用食物的单一过程。　　　　　　　　　　　　　　　　　（　　　）

12. 糖类是人体最重要的能源物质，是最主要的供能物质，也是最昂贵的供能物质。
　　　　　　　　　　　　　　　　　　　　　　　　　　　　　（　　　）

13. 脂类是脂肪和类脂的总称。动物脂肪在常温下一般为固态，习惯上称为脂。（　　　）

14. 面粉由小麦加工而成，是制作糕点、面包的主要原料。　　　　　　（　　　）

15. 全麦粉是用石磨磨成的麦粉，不易把麦芽及麦皮除去，故得 80% 全麦粉。（　　　）

16. 低筋面粉又称弱筋面粉，其蛋白质含量和面筋含量低，湿面筋值在 20% 以下。
　　　　　　　　　　　　　　　　　　　　　　　　　　　　　（　　　）

17. 当水温在 30～40℃ 时，面粉中的蛋白质开始变性，面团逐渐凝固，筋力下降，面团的弹性和延伸性减弱。　　　　　　　　　　　　　　　　　　　（　　　）

18. 黄油又称"奶油"，是从牛乳中分离加工出来的一种比较纯净的脂肪。（　　　）

19. 人造奶油的乳化性、熔点、软硬度等可根据各种成分配比来调控。　（　　　）

20. 起酥油是指未提炼的动、植物油脂、氢化油或这些油脂的混合物。　（　　　）

21. 白砂糖为白色粒状晶体，纯度高，蔗糖含量在 99% 以上。　　　　（　　　）

22. 糖能增加制品的甜味，提高营养价值。　　　　　　　　　　　　　（　　　）

23. 鉴别蛋的新鲜程度一般有感观法、振荡法、品尝法、光照法。　　　（　　　）

24. 烤炉是通过电源或气源产生的热能使炉内的空气和金属热传递，使制品成熟。
　　　　　　　　　　　　　　　　　　　　　　　　　　　　　（　　　）

25. 面包面团搅拌机一般有桌面小型搅拌机和多用途粉碎机两类。（　　）

26. 面包成形机有面团滚圆机、面团搓条机及吐司整形机等种类。（　　）

27. 所有成形工具应存放于固定位置，并用专用工具箱或工具盒保存。（　　）

28. 广义的成本是指企业为生产各种产品而支出的各项耗费之和。（　　）

29. "植物油"的英文单词是"salad oil"。（　　）

30. "杏仁"的英文单词是"almond"。（　　）

31. 当混酥面坯加入面粉后，必须搅拌很久，以便面粉产生筋性。（　　）

32. 制作混酥面坯应选用颗粒较粗的糖制品。（　　）

33. 混酥面坯在擀制时，应做到多次性擀平，并静置后成形。（　　）

34. 混酥制品多采用油炸成熟的方法。（　　）

35. 擀制混酥排类面坯，大小、厚薄要一致，以免成熟不均匀。（　　）

36. 多用途搅拌机一般配置三种不同用途的搅拌器，在搅拌面包面团时应选用圆球形搅拌器。（　　）

37. 制作甜软面包时需注意无糖酵母与低糖酵母的选择。（　　）

38. 现在普遍使用的醒发箱一般具有湿度和温度一体调节器等电器按钮。（　　）

39. 面包面团在搅拌过程中经历四个阶段。（　　）

40. 食盐有抑制酵母发酵的作用，所以可用来调整发酵的时间。（　　）

41. 面包烘烤炉温过低，成品表皮厚、颜色浅；水分蒸发过多，减低了面包的柔软度。（　　）

42. 醒发箱的湿度一般控制在 78% 左右。醒发湿度过高，烘烤后面包成品表面会出现气泡，易塌陷。（　　）

43. 油脂蛋糕是制品中含有较多油脂的一类松软制品。可分为重油蛋糕和轻油蛋糕。（　　）

44. 蛋糕的全蛋搅拌法是将糖与全蛋液一起搅打体积增大三倍左右，加入过筛面粉成面糊的工艺方法。（　　）

45. 油脂蛋糕根据投料顺序不同可分为油糖搅拌法、蛋粉搅拌法、全料搅拌法。（　　）

46. 海绵蛋糕面糊入模的填充量一般以模具的 60%～70% 为宜。（　　）

47. 观察海绵蛋糕色泽是否达到制品要求的标准是色泽均匀, 顶部塌陷或不隆起。

（　　）

48. 检验清蛋糕是否成熟可用手指压下蛋糕, 压下去的部分固定不变, 表示蛋糕已经成熟。

（　　）

49. 制作薄片状卷制蛋糕坯的清蛋糕, 烤盘内应垫烘烤纸, 以便制品成熟后倒出烤盘。

（　　）

50. 果冻属于西式面点中冷冻甜点的一种, 它不含乳及脂肪。

（　　）

51. 鱼胶片与鱼胶粉的功效相同, 在室温低的情况下需用开水浸软, 以免不溶化于水中。

（　　）

52. 果冻制作时内部放置水果丁要求浮在上面。

（　　）

53. 果冻液倒入模具时, 表面应避免起泡沫, 否则冷却后影响成品的美观。

（　　）

54. 果冻脱模时, 用热水浸一下模具即可倒出。

（　　）

55. 酸性物质对鱼胶凝固有破坏作用, 如柠檬汁、酸性剂等。

（　　）

56. 成熟的软质面包成品色泽应焦黄、均匀。

（　　）

57. 《中华人民共和国食品安全法》自 2009 年 6 月 1 日起施行。

（　　）

58. 蛋白质是一种化学结构非常复杂的有机化合物, 它由碳、氢、氧、氮等元素组成。

（　　）

59. 在发酵面团中, 淀粉在蛋白酶和脂肪酶的作用下可转化为糖类, 给酵母提供营养素进行发酵。

（　　）

60. 油脂蛋糕的油糖搅拌法是先将油脂和糖充分搅拌, 让油脂中充入大量空气而膨胀。

（　　）

得分	
评分人	

二、单项选择（第 1 题～第 140 题。选择一个正确的答案, 将相应的字母填入题内的括号中。每题 0.5 分, 满分 70 分。）

1. 职业道德是人们在特定的社会活动中所应遵循的（　　）的总和。

A. 行为规范　　　　B. 法律准则　　　　C. 行为艺术　　　　D. 动作规范

2. 加强社会主义职业道德建设，可以促进社会主义市场经济（　　）。

　　A. 快速发展　　　　B. 慢速发展　　　　C. 急速发展　　　　D. 正常发展

3. 忠于职守就是要求把自己职责范围内的事做好，合乎（　　）和规范要求。

　　A. 自己爱好　　　　B. 质量标准　　　　C. 领导喜好　　　　D. 顾客需要

4. 行业从业人员要不断积累知识，更新知识，适应新原料、（　　）、新技术不断更新发展的需要。

　　A. 新工艺　　　　B. 旧工艺　　　　C. 传统工艺　　　　D. 落后工艺

5. 西式面点是以（　　）、油脂、鸡蛋和乳品为主要原料制成的，具有一定色、香、味、形的营养食品。

　　A. 奶油、色素　　　　B. 面粉、糖　　　　C. 水、鸭蛋　　　　D. 水果、巧克力

6. 一道完美的西点，应具有丰富的营养价值、（　　）和合适的口味。

　　A. 粗劣的造型　　　　B. 简陋的造型　　　　C. 华丽的造型　　　　D. 完美的造型

7. 西点制作在英国、法国、意大利等国家已有（　　）的历史，并在发展中取得了显著的成就。

　　A. 相当长　　　　B. 短暂的　　　　C. 数十年　　　　D. 较短的

8. 按加工工艺分类，西点分为蛋糕类、（　　）、清酥类、面包类、泡芙类等。

　　A. 油酥类　　　　B. 混酥类　　　　C. 蒸制类　　　　D. 粉糕类

9. 《中华人民共和国食品安全法》规定食品生产经营者应当依照（　　）和食品安全标准从事生产经营活动。

　　A. 自律、自觉　　　　B. 规定、纪律　　　　C. 法律、法规　　　　D. 习惯、传统

10. 食品生产经营人员患有病毒性肝炎的，不得从事接触（　　）食品的工作。

　　A. 直接入口　　　　B. 所有　　　　C. 烘烤类　　　　D. 初加工

11. 食品容器消毒实行"四过关"制度，即一洗二刷三冲（　　）。

　　A. 四擦干　　　　B. 四烘干　　　　C. 四晾干　　　　D. 四消毒

12. 食物中毒有细菌性食物中毒和（　　）食物中毒两大类。

　　A. 物理性　　　　B. 非细菌性　　　　C. 化学性　　　　D. 结构性

13. 食物中的细菌在适宜生长繁殖条件下大量生长繁殖，形成一定量的毒素，引起的

（　　）为细菌性食物中毒。

    A. 食物变形　　　　B. 食物变色　　　　C. 食物中毒　　　　D. 食物变味

14. 糖类、脂类、蛋白质、维生素、（　　）、水是人体所必需的营养素。

    A. 猪肉　　　　B. 鸡蛋　　　　C. 无机盐　　　　D. 砂糖

15. 糖类由碳、氢、氧三种元素构成，也称为"（　　）"。

    A. 钙水化合物　　B. 无机化合物　　C. 有机化合物　　D. 碳水化合物

16. 脂肪是脂溶性维生素的（　　），脂溶性维生素可随脂肪的吸收同时被吸收。

    A. 最好溶剂　　B. 良好稀释剂　　C. 良好溶剂　　D. 最好稀释剂

17. 混酥制品烤前，制品表面刷的（　　）要均匀，以免烤出的成品颜色不一致。

    A. 水　　　　B. 果胶　　　　C. 蛋液　　　　D. 巧克力

18. 将调制好的混酥面团入冰箱备用，目的是使（　　）凝固，易于成形。

    A. 鸡蛋　　　　B. 油脂　　　　C. 面粉　　　　D. 砂糖

19. 擀制混酥排类面坯，大小、（　　）要一致，以免产生成熟不均匀。

    A. 形状　　　　B. 厚薄　　　　C. 花纹　　　　D. 外观

20. 蛋白质在体内的主要功能（　　）供给热能。

    A. 并非　　　　B. 只是　　　　C. 不会　　　　D. 不能

21. 维生素 C 广泛存在于新鲜的蔬果中，（　　）、干豆类不含维生素 C。

    A. 樱桃　　　　B. 草莓　　　　C. 谷类　　　　D. 橘子

22. 体内无机盐的相对平衡至关重要，缺少或过多均可引起代谢机制的紊乱，导致各种生理和（　　）。

    A. 功能性病变　　B. 功能性改变　　C. 气息性病变　　D. 器械性改变

23. 水可以调节人体的（　　）。

    A. 肿胀　　　　B. 体温　　　　C. 身高　　　　D. 情绪

24. 面粉由小麦加工而成，是制作糕点、（　　）的主要原料。

    A. 面包　　　　B. 西餐　　　　C. 调酒　　　　D. 中餐

25. 软麦通常为强度较弱的（　　）小麦，适用于磨制饼干面粉。

    A. 无力　　　　B. 低力　　　　C. 弱力　　　　D. 薄力

26. 在面点制作中，面粉通常按（　　）含量多少来分类，一般分为高筋面粉、中筋面粉、低筋面粉。

    A. 脂肪　　　　　　B. 蛋白质　　　　　　C. 维生素　　　　　　D. 淀粉

27. 面粉中的淀粉不溶于（　　），但能与热水结合。

    A. 热水　　　　　　B. 冷水　　　　　　C. 温水　　　　　　D. 开水

28. 在发酵面团中，淀粉在淀粉酶和糖化酶的作用下可转化为（　　），给酵母提供营养素进行发酵。

    A. 灰分　　　　　　B. 糊精　　　　　　C. 糖类　　　　　　D. 蛋白质

29. 当水温在（　　）时，面粉中的蛋白质开始变性，面团逐渐凝固，筋力下降，面团的弹性和延伸性减弱。

    A. 60～70℃　　　　B. 50～60℃　　　　C. 40～50℃　　　　D. 30～40℃

30. 奶油的（　　）在80％以上。

    A. 含油率　　　　　B. 含水率　　　　　C. 含脂率　　　　　D. 含乳率

31. 人造奶油是以氢化油为主要原料，添加适量的牛乳或乳制品、香料、乳化剂等，经（　　）等工序而制成的。

    A. 混合、焦化　　　B. 搅拌、提炼　　　C. 提炼、焦化　　　D. 混合、乳化

32. 起酥油是指精炼的动、植物油脂、氢化油或这些油脂的（　　）。

    A. 提炼物　　　　　B. 混合物　　　　　C. 合成物　　　　　D. 分解物

33. 油脂能保持西点产品组织的柔软，（　　）淀粉老化时间，延长点心的保存期。

    A. 加速　　　　　　B. 提前　　　　　　C. 延缓　　　　　　D. 促进

34. 根据原料加工程度的不同，西点常用的食糖有（　　）、绵白糖、红糖等。

    A. 白砂糖　　　　　B. 葡萄糖　　　　　C. 蜂蜜　　　　　　D. 麦芽糖

35. 白砂糖为白色粒状晶体，纯度高，蔗糖含量在（　　）以上。

    A. 80％　　　　　　B. 99％　　　　　　C. 88％　　　　　　D. 78％

36. 葡萄糖又称淀粉糖浆、化学稀，它通常用玉米淀粉加（　　）水解，经脱色、浓缩而制成的黏稠液体。

    A. 碱或酶　　　　　B. 醋或酶　　　　　C. 酸或酶　　　　　D. 酸或盐

37. 糖粉是白砂糖的再制品，为纯白色（　　），在西点制作中可替代白砂糖使用。

    A. 晶粒物　　　　　B. 粉状物　　　　　C. 颗粒物　　　　　D. 稀稠物

38. 蛋品能改善制品表皮色泽，产生光亮的（　　）或黄褐色。

    A. 金红色　　　　　B. 粉红色　　　　　C. 金黄色　　　　　D. 土黄色

39. 根据热源不同，烤炉一般有（　　）和燃气烤炉两类。

    A. 转炉　　　　　　B. 平炉　　　　　　C. 隧道炉　　　　　D. 电烤炉

40. 多用途搅拌机一般具有（　　）功能，它兼有和面、搅拌等用途。

    A. 二段变速　　　　B. 三段变速　　　　C. 四段变速　　　　D. 无级变速

41. 切片机是对吐司类面包切片成形的机械设备，对（　　）也可根据需要进行切片操作。

    A. 油脂蛋糕　　　　B. 清蛋糕　　　　　C. 慕斯蛋糕　　　　D. 装饰蛋糕

42. 醒发箱的湿度一般控制在（　　）左右。醒发湿度过高，烘烤后成品表面会出现气泡，易塌陷。

    A. 58%　　　　　　B. 68%　　　　　　C. 78%　　　　　　D. 88%

43. 混酥面坯切割可以使用（　　）切片、条，使面坯具有曲形花边，起美化作用。

    A. 滚刀　　　　　　B. 分刀　　　　　　C. 锯刀　　　　　　D. 刮刀

44. 清洁烤箱时，要（　　），等到箱体冷却后方可进行。

    A. 炉内放冰　　　　B. 切断电源　　　　C. 关门炉门　　　　D. 接通电源

45. 醒发箱在使用时水槽内不可（　　），否则设备会遭到严重的损坏。

    A. 无水不烧　　　　B. 有水加热　　　　C. 有水不烧　　　　D. 无水干烧

46. 成本可以反映企业的（　　）。

    A. 原料库存　　　　B. 产品标准　　　　C. 个人素质　　　　D. 管理质量

47. 总成本是指单位成本的总和或某种、某类、某批或全部菜点在某（　　）的成本之和。

    A. 核算日期　　　　B. 核算期间　　　　C. 核算节点　　　　D. 核算内容

48. 成本核算能促进企业改善（　　）。

    A. 人工效率　　　　B. 劳动强度　　　　C. 工作环境　　　　D. 经营管理

49. "酸奶"的英文单词是"（　　）"。

A. yoghurt　　　　B. milk　　　　C. sour cream　　　　D. cream

50. "面粉"的英文单词是"（　　）"。

A. Bread　　　　B. Flour　　　　C. Cake　　　　D. Cookies

51. "朗姆酒"的英文单词是"（　　）"。

A. rum　　　　B. red wine　　　　C. white wine　　　　D. kirsch

52. 混酥类面团是用奶油、面粉、鸡蛋、糖等主要原料调和成的面团，面坯（　　）。

A. 有层次　　　　B. 有韧性　　　　C. 无层次　　　　D. 无酥性

53. 混酥面团的酥松，主要是面团中的面粉和（　　）等原料的性质所决定的。

A. 糖　　　　B. 鸡蛋　　　　C. 盐　　　　D. 油脂

54. 当混酥面坯加入面粉后，（　　）搅拌过久，以防面粉产生筋性。

A. 必须　　　　B. 切忌　　　　C. 可以　　　　D. 应该

55. 制作混酥面坯使用熔点低的油脂，（　　）的能力强，擀制使面团容易发黏。

A. 吸湿面粉　　　　B. 吸收水分　　　　C. 吸收糖分　　　　D. 吸湿蛋液

56. 制作混酥面坯如果选用的糖（　　），在搅拌中不易溶化，造成面团擀制困难。

A. 晶粒太细　　　　B. 晶粒太粗　　　　C. 溶液太浓　　　　D. 溶液太淡

57. 混酥面坯的粉油搅拌法是先将（　　）和面粉一同搅拌。

A. 油脂　　　　B. 盐　　　　C. 水　　　　D. 鸡蛋

58. 使用（　　）时要注意电源是否充足，连续称料时，注意及时调整到"零"位。

A. 温度计　　　　B. 量杯　　　　C. 量勺　　　　D. 电子秤

59. 西式面点所用的模具种类繁多，其中用于（　　）成形模具，有圆形花边饼模等。

A. 混酥面坯　　　　B. 清酥面坯　　　　C. 面包面坯　　　　D. 慕斯冻液

60. 使用金属工具、模具后，要及时清理干净，并及时擦干净，（　　）。

A. 以免老化　　　　B. 以免生锈　　　　C. 以免黏粘　　　　D. 以免开裂

61. 切割后的混酥塔坯放入模具后用竹签等戳小孔，防止面团膨发产生（　　）。

A. 气泡　　　　B. 黏液　　　　C. 破碎　　　　D. 收缩

62. 混酥类制品烘烤时，根据制品大小、厚薄不同，需用（　　）的中火。

A. 170~190℃   B. 190~200℃   C. 200~220℃   D. 210~220℃

63. 饼干面坯加热时间短，势必造成（   ），内部未完全成熟现象。

A. 颜色焦糊   B. 颜色金黄   C. 颜色过浅   D. 颜色过深

64. 搅拌机等设备使用前应先检查各部件（   ），运行是否正常，待确认后，方可开机操作。

A. 是否更新   B. 是否全新   C. 是否漂亮   D. 是否完好

65. 直接发酵法的优点是操作简单、发酵时间短、面包的（   ）较好。

A. 抗机械性   B. 发酵耐性   C. 组织结构   D. 口感、风味

66. 面包面团搅拌的（   ）阶段，面筋已不断产生，面团表面变为光滑且有光泽。

A. 水化   B. 结合   C. 扩展   D. 完成

67. 机械分割面包面团的速度较快，重量也较为准确，但对面团内的（   ）有一定的损伤。

A. 面筋   B. 淀粉   C. 酵母   D. 糖

68. 面包面团揉圆的手法是手指同手掌配合用力，用"（   ）"轻压面团，朝同一方向旋转。

A. 轻功   B. 重力   C. 实力   D. 浮力

69. 面包面团手工成形的手法主要有"（   ）""搓条""卷"。

A. 吹制   B. 碾压   C. 揉圆   D. 甩打

70. 现在普遍使用的醒发箱一般具有（   ）调节器和温度调节器等电器按钮。

A. 蒸汽   B. 湿度   C. 冷风   D. 冷气

71. 面包烘烤前的最后成形及美化装饰的所有技术动作一定要（   ）。

A. 灵活、轻巧   B. 快速、粗狂   C. 僵硬、有力   D. 随意、大胆

72. 面包面团在搅拌过程中经历（   ）个阶段。

A. 一   B. 两   C. 三   D. 四

73. 面包之所以会（   ）、柔软，是因为在制作面包时添加了酵母。

A. 酥松   B. 坚硬   C. 膨松   D. 软绵

74. 制作面包应使用（   ）的水。

A. 微碱性　　　　B. 微酸性　　　　C. 强酸性　　　　D. 强碱性

75. 面包中使用的糖多为（　　）。

　　　A. 饴糖　　　　　B. 白砂糖　　　　C. 蜂蜜　　　　　D. 葡萄糖

76. 甜软面包的烘烤温度应根据制品的大小、（　　）而定。

　　　A. 厚薄　　　　　B. 形状　　　　　C. 造型　　　　　D. 口味

77. 烘烤体积较（　　）的甜软面包，一般时间为 10～15 min 左右。

　　　A. 大而薄　　　　B. 大而厚　　　　C. 小而薄　　　　D. 小而高

78. 面包烘烤炉温过高，成品表面易焦化，容易产生（　　）现象。

　　　A. 外生内焦　　　B. 外焦内生　　　C. 内外焦化　　　D. 内外不熟

79. 油炸锅是专门做油炸制品的设备，一般具有油温（　　）系统。

　　　A. 自动控制　　　B. 声控控制　　　C. 感光控制　　　D. 激光控制

80. 成熟的软质面包成品色泽应（　　）、均匀。

　　　A. 淡黄　　　　　B. 焦黄　　　　　C. 金黄　　　　　D. 焦黑

81. 成熟的软质面包具有（　　）黄油香味，无异味。

　　　A. 浓郁的　　　　B. 臭臭的　　　　C. 淡淡的　　　　D. 咸咸的

82. 有些高档（　　）面包往往以牛奶代替水来调制面团。

　　　A. 甜软　　　　　B. 硬质　　　　　C. 脆皮　　　　　D. 酥性

83. 面包面团搅拌用的水和（　　）含量对面团调制有密切关系，最适合的 pH 值在 6～7。

　　　A. 矿物质　　　　B. 维生素　　　　C. 脂肪　　　　　D. 无机盐

84. 醒发箱的湿度一般控制在（　　）之间。醒发湿度过高，烘烤后面包成品表面会出现气泡，易塌陷。

　　　A. 30%～55%　　B. 45%～65%　　C. 65%～80%　　D. 80%～95%

85. 食品烘烤前烤箱必须预热，待温度达到（　　）后方可进行烘烤。

　　　A. 设置标准　　　B. 最高温度　　　C. 预计要求　　　D. 工艺要求

86. 油炸面包一般时间控制在 1～2 min，正常吸油率在（　　）。

　　　A. 45%～50%　　B. 35%～40%　　C. 25%～30%　　D. 15%～20%

87. 蛋糕根据用料和加工工艺分为（　　）、油蛋糕两大类。
    A. 清蛋糕　　　　　B. 海绵蛋糕　　　　　C. 杏仁蛋糕　　　　　D. 水果蛋糕

88. 油脂蛋糕是制品中含有较多油脂的一类（　　），可分为重油蛋糕和轻油蛋糕。
    A. 坚硬制品　　　　B. 松软制品　　　　　C. 脆皮制品　　　　　D. 装饰制品

89. 用搅拌机制作清蛋糕面糊，应选择（　　）搅拌器，有利于让空气大量充入。
    A. 扁平形　　　　　B. 圆球形　　　　　　C. 钩形　　　　　　D. 爪形

90. 海绵蛋糕会膨松主要是靠蛋清（　　）的起泡作用而形成的。
    A. 乳化　　　　　　B. 碳化　　　　　　　C. 加热　　　　　　D. 搅打

91. 油脂蛋糕的（　　）主要是原料中的奶油具有融合性，能在搅打中充入大量空气，产生气泡。
    A. 酥松　　　　　　B. 膨松　　　　　　　C. 绵软　　　　　　D. 粘黏

92. 海绵蛋糕是用全蛋、糖搅打再与（　　）混合一起制成的膨松制品。
    A. 盐　　　　　　　B. 植物油　　　　　　C. 奶油　　　　　　D. 面粉

93. 蛋糕的全蛋搅拌法是将糖与全蛋液一起搅打体积增大三倍左右，加入过筛（　　）成面糊的工艺方法。
    A. 油脂　　　　　　B. 泡打粉　　　　　　C. 面粉　　　　　　D. 乳化剂

94. 制作海绵蛋糕使用的鸡蛋要新鲜，新鲜鸡蛋的胶体浓度高，能更好地与（　　）相结。
    A. 油脂　　　　　　B. 热气　　　　　　　C. 砂糖　　　　　　D. 空气

95. 油脂蛋糕根据投料顺序不同可分为油糖搅拌法、蛋糖搅拌法、（　　）搅拌法。
    A. 全料　　　　　　B. 油蛋　　　　　　　C. 粉糖　　　　　　D. 粉蛋

96. 对于油脂含量较少的油脂蛋糕宜采用（　　）搅拌法。
    A. 油糖　　　　　　B. 蛋糖　　　　　　　C. 全料　　　　　　D. 蛋油

97. 用于制作圆形装饰蛋糕的海绵蛋糕坯模具一般有固定式底板和（　　）底板两种。
    A. 凹凸式　　　　　B. 齿轮式　　　　　　C. 脱卸式　　　　　D. 网格式

98. 采用浇注灌模成形油脂蛋糕，半成品表面一定要抹平，否则影响制品（　　）。
    A. 口感　　　　　　B. 美观　　　　　　　C. 色泽　　　　　　D. 成熟

99. 检验清蛋糕是否成熟可用（　　）插入蛋糕中央，拔出后不黏附面糊，则表明已成熟。

    A. 木块或铁条　　　B. 竹签或牙签　　　C. 刮刀或锯刀　　　D. 铁条或分刀

100. 油脂蛋糕成熟后成品色泽为深黄色，（　　），起发正常，表面饱满。

    A. 外焦内软　　　B. 不生不糊　　　C. 外脆内酥　　　D. 又酥又松

101. 影响清蛋糕制品成熟的因素很多，其中以烤炉的温度和（　　）最为重要。

    A. 内部原料　　　B. 炉内湿度　　　C. 烘烤时间　　　D. 制品表面

102. 清蛋糕制品出炉后，应立即翻转过来，放置在蛋糕网架上，防止蛋糕（　　）。

    A. 过度收缩　　　B. 过度膨胀　　　C. 水分流失　　　D. 水气散失

103. 重油脂蛋糕的油脂用量一般为（　　）的40%～100%。

    A. 面粉　　　B. 砂糖　　　C. 鸡蛋　　　D. 水果

104. 使用（　　）制作的油脂蛋糕体积大、组织松软。

    A. 油糖搅拌法　　　B. 加水搅拌法　　　C. 蛋粉搅拌法　　　D. 蛋油搅拌法

105. 制作薄片状卷制蛋糕坯的清蛋糕，烤盘内（　　），以利制品成熟后倒出烤盘。

    A. 放饼干碎　　　B. 刷植物油　　　C. 垫烘烤纸　　　D. 刷黄油

106. 海绵蛋糕制品的烘烤温度和时间，与制品面糊中含糖量有关。含糖量高的蛋糕比含糖量低的蛋糕烘烤温度（　　）。

    A. 低些　　　B. 高些　　　C. 相同　　　D. 低很多

107. 油脂蛋糕烘烤成熟的时间根据制品的大小、厚薄而定，一般大而厚的制品烘烤（　　）。

    A. 时间长　　　B. 时间短　　　C. 很短暂　　　D. 任意烤

108. 果冻属于西式面点中冷冻甜点的一种，它不含（　　）。

    A. 维生素及脂肪　　　　　　　　　B. 乳及脂肪

    C. 糖及脂肪　　　　　　　　　　　D. 果汁及脂肪

109. 鱼胶是动物胶，也称为明胶、结利、全利，有（　　）和粉状两种。

    A. 胶囊状　　　B. 粉团状　　　C. 大块状　　　D. 片状

110. 电冰箱是现代西点制作的主要设备，低温冷冻冰箱通常用来存放需要冷冻（　　）

和成熟食品。

    A. 器具   B. 鲜奶油   C. 原料   D. 奶酪

111. 为了提高果冻制品营养价值和（　　），往往在制作时加入适量的水果丁。

    A. 制品酥软   B. 口味特点   C. 食用方便   D. 制品重量

112. 果冻类甜点是直接入口的食品，要保证所用模具的（　　）及消毒工作，防止污染。

    A. 预先烘烤   B. 预先冷冻   C. 冲洗干净   D. 清洁卫生

113. 制作果冻所使用的水果，尽量少用或不用含（　　）多的水果，必要时可将此类水果蒸煮几分钟后使用。

    A. 酸性物质   B. 碱性物质   C. 中性物质   D. 强酸物质

114. 制作果冻所用的水果要新鲜、卫生，水果丁大小要均匀，颜色要（　　）。

    A. 非常鲜艳   B. 搭配合适   C. 大红大绿   D. 暗色为主

115. 果冻制作时，一定要在（　　）完全冷却后，再加入水果丁。

    A. 鱼胶溶液   B. 鲜奶液体   C. 果冻液体   D. 牛奶液体

116. 果冻液倒入模具时，表面如有（　　）应撇出，否则冷却后影响成品的美观。

    A. 结块   B. 结晶   C. 泡沫   D. 乳液

117. 对于脱模后果冻，应盛放于经过（　　）及消毒的餐盘上。

    A. 抹油   B. 清洗   C. 烫热   D. 烤热

118. 果冻不宜放置在 0℃ 以下的冰箱内，因为低温冷却，会使果冻结冰，失去果冻（　　）。

    A. 原有的果汁   B. 原有的品质   C. 原有的糖分   D. 原有的水分

119. 选用新鲜的（　　）等酸性水果制作果冻时，应将水果加热 2 min 后使用。

    A. 菠萝   B. 苹果   C. 橘子   D. 葡萄

120. 果冻脱模时，用（　　）冲一下模具即可倒出。

    A. 冰水   B. 冷水   C. 温水   D. 热水

121. 一般情况下，鱼胶用量占全部液体浓度（　　）时，才能使液体基本凝固。

    A. 2%   B. 4%   C. 6%   D. 8%

122. 果冻类甜点是（　　）的食品，要保证所用模具的清洁卫生及消毒工作，防止污染。

    A. 高温灭菌　　　　B. 巴氏消毒　　　　C. 加热消毒　　　　D. 直接入口

123. 油炸锅是专门做油炸制品的设备，一般采用（　　）加热。

    A. 电热管　　　　B. 瓦斯　　　　C. 煤气　　　　D. 蒸汽

124. 制作混酥面坯，应选用熔点（　　）的油脂。

    A. 很高　　　　B. 最低　　　　C. 较低　　　　D. 较高

125. 奶酪的英文单词是"（　　）"。

    A. cheese　　　　B. milk　　　　C. sour cream　　　　D. cream

126. 餐饮成本核算经常采用"（　　）"倒求成本的方法。

    A. 以存计耗　　　　B. 以耗计存　　　　C. 以耗计耗　　　　D. 以存计存

127. 成本核算可以揭示单位成本提高或降低的原因，指出（　　）的途径。

    A. 提高成本　　　　B. 降低价格　　　　C. 降低成本　　　　D. 提高价格

128. 面包烘烤炉温过高，成品表面易焦化，容易产生（　　）现象。

    A. 外生内焦　　　　B. 内外焦化　　　　C. 外焦内生　　　　D. 内外不熟

129. 直接发酵法也称（　　）发酵法。

    A. 三次　　　　B. 二次　　　　C. 一次　　　　D. 快速

130. 裱制混酥饼干时，烤盘内的面坯间距要适当，防止成品（　　）。

    A. 色泽均匀　　　　B. 相互粘连　　　　C. 烘烤过度　　　　D. 烘烤不足

131. 常用的计量设备有（　　）和量杯等。

    A. 勺子　　　　B. 裱花袋　　　　C. 电子秤　　　　D. 料盆

132. 为了增加混酥面坯的酥松性，可加大（　　）用量或加入适量的膨松剂。

    A. 面粉　　　　B. 糖　　　　C. 油脂　　　　D. 水

133. 混酥面坯的油糖搅拌法是西式面点生产中（　　）的调制方法之一。

    A. 最为常用　　　　B. 最不常用　　　　C. 很少使用　　　　D. 绝不能用

134. 多用途搅拌机一般具有三段变速功能，它兼有（　　）等用途。

    A. 和面、压面　　　　B. 和面、搅拌　　　　C. 分割、搅拌　　　　D. 揉圆、搅拌

135. 微波炉是利用（　　　）对物料里外同时进行加热的。

　　　A. 中波　　　　　B. 传导　　　　　C. 短波　　　　　D. 微波

136. 鉴别蛋的新鲜程度一般有（　　　）、振荡法、比重法、光照法。

　　　A. 品尝法　　　　B. 称重法　　　　C. 感观法　　　　D. 熟制法

137. 蛋的（　　　）是指蛋黄中卵磷脂具有亲油性和亲水性的双重性质。

　　　A. 起泡性　　　　B. 黏结性　　　　C. 结晶性　　　　D. 乳化性

138. 糖能调节（　　　），控制面团的性质。

　　　A. 吸湿率　　　　B. 淀粉糊化　　　C. 吸水率　　　　D. 面筋筋力

139. 团结协作表现在工作中的是相互支持与配合，只有相互（　　　），才能完成任务。

　　　A. 支持与阻挠　　B. 支持与隐瞒　　C. 监督与配合　　D. 支持与配合

140. 食物纤维是那些不为人体消化道所消化、吸收、分解的（　　　）物质，如纤维素、果胶等。

　　　A. 多糖类　　　　B. 单糖类　　　　C. 双糖类　　　　D. 三糖类

西式面点师（五级）理论知识试卷答案

一、判断题（第1题～第60题。将判断结果填入括号中。正确的填"√"，错误的填"×"。每题0.5分，满分30分）

1.×	2.×	3.√	4.×	5.√	6.√	7.×	8.×	9.√
10.√	11.×	12.×	13.√	14.√	15.×	16.×	17.√	18.√
19.√	20.×	21.√	22.√	23.×	24.√	25.√	26.√	27.√
28.√	29.√	30.√	31.×	32.√	33.×	34.√	35.√	36.×
37.×	38.×	39.√	40.√	41.√	42.√	43.√	44.√	45.×
46.×	47.×	48.√	49.√	50.√	51.√	52.√	53.√	54.×
55.√	56.×	57.√	58.×	59.×	60.√			

二、单项选择（第1题～第140题。选择一个正确的答案，将相应的字母填入题内的括号中。每题0.5分，满分70分。）

1.A	2.D	3.B	4.A	5.B	6.D	7.A	8.B	9.C
10.A	11.D	12.B	13.C	14.C	15.D	16.C	17.C	18.B
19.B	20.A	21.C	22.A	23.B	24.A	25.D	26.B	27.B
28.C	29.A	30.C	31.D	32.B	33.C	34.A	35.B	36.C
37.B	38.C	39.D	40.B	41.A	42.C	43.A	44.B	45.D
46.D	47.B	48.D	49.A	50.B	51.A	52.C	53.D	54.B
55.A	56.B	57.A	58.D	59.A	60.B	61.A	62.B	63.C
64.D	65.D	66.C	67.A	68.D	69.C	70.B	71.A	72.D
73.C	74.B	75.B	76.A	77.C	78.B	79.A	80.C	81.A
82.A	83.A	84.C	85.D	86.D	87.A	88.B	89.B	90.D
91.B	92.D	93.C	94.B	95.A	96.B	97.C	98.B	99.B
100.B	101.C	102.A	103.A	104.C	105.C	106.A	107.A	108.B
109.D	110.C	111.B	112.D	113.A	114.B	115.C	116.C	117.B

118. B	119. A	120. D	121. A	122. D	123. C	124. C	125. A	126. A
127. C	128. C	129. C	130. B	131. C	132. C	133. A	134. B	135. D
136. C	137. D	138. D	139. D	140. A				

第 6 部分

操作技能考核模拟试卷

注 意 事 项

1. 考生根据操作技能考核通知单中所列的试题做好考核准备。

2. 请考生仔细阅读试题单中具体考核内容和要求，并按要求完成操作或进行笔答或口答，若有笔答请考生在答题卷上完成。

3. 操作技能考核时要遵守考场纪律，服从考场管理人员指挥，以保证考核安全顺利进行。

注：操作技能鉴定试题评分表及答案是考评员对考生考核过程及考核结果的评分记录表，也是评分依据。

国家职业资格鉴定

西式面点师（五级）操作技能考核通知单

姓名：

准考证号：

考核日期：

试题 1

试题代码：1.1.1

试题名称：核桃塔制作。

考核时间：35 min。

配分 18 分（其中结果评分 15 分）。

试题 2

试题代码：1.4.1

试题名称：麦片饼干制作。

考核时间：30 min。

配分 17 分（其中结果评分 15 分）。

试题 3

试题代码：2.1.1

试题名称：海绵蛋糕制作。

考核时间：30 min。

配分 25 分（其中结果评分 20 分）。

试题 4

试题代码：3.1.1

试题名称：汉堡包制作。

考核时间：60 min。

配分 25 分（其中结果评分 20 分）。

试题 5

试题代码：4.1.1

试题名称：双色果冻制作。

考核时间：25 min。

配分 15 分（其中结果评分 10 分）。

注：综合操作过程配分为 20 分。

西式面点师（五级）操作技能鉴定

试 题 单

试题代码：1.1.1

试题名称：核桃塔制作

考生姓名：　　　　　　　　　准考证号：

考核时间：35 min

1. 操作条件

(1) 面粉、黄油、糖、鸡蛋、盐等混酥面团制作原料（考生自备制作6只核桃塔原料量）。

(2) 核桃仁、砂糖、葡萄干、蛋清制作核桃馅心（考生自备制作6只核桃塔原料量）。

(3) 蛋清、糖粉制作蛋清液。

(4) 制作工具：擀面棍1根、塔模6只。

(5) 烤制设备：烤箱1台、烤盘1只。

2. 操作内容

(1) 调制混酥面团。

(2) 制作核桃塔坯。

(3) 调制核桃馅。

(4) 制作核桃塔6只，约65 g/只。

3. 操作要求

(1) 色泽：表面棕黄色、色泽均匀、无焦色。

(2) 形态：圆形塔状。

(3) 口感：核桃味、甜度适中。

(4) 火候：表面无焦点、底火无焦黑。

(5) 质感：馅底坯酥松、馅心酥、脆。

(6) 所做品种送评数量不足，此品种评定为D。

西式面点师（五级）操作技能鉴定

试题评分表及答案

考生姓名：　　　　　　　　准考证号：

试题代码及名称				1.1.1　核桃塔制作	考核时间				35 min
评价要素		配分	等级	评分细则	评定等级				得分
					A	B	C	D	E
1	色泽 (1) 棕黄色 (2) 色泽均匀 (3) 表面光亮	3	A	符合评价要素三点					
			B	符合评价要素二点					
			C	符合评价要素一点					
			D	出品不符合上述评价要素					
			E	未答题					
2	形态 (1) 圆形塔状 (2) 厚薄一致，大小均匀 (3) 端正无缺损	3	A	符合评价要素三点					
			B	符合评价要素二点					
			C	符合评价要素一点					
			D	出品不符合上述评价要素					
			E	未答题					
3	口味 (1) 核桃味 (2) 甜度适中 (3) 不粘牙	3	A	符合评价要素三点					
			B	符合评价要素二点					
			C	符合评价要素一点					
			D	出品不符合上述评价要素					
			E	未答题					
4	火候 (1) 面火无焦点 (2) 底火无焦黑 (3) 底火色泽均匀	3	A	符合评价要素三点					
			B	符合评价要素二点					
			C	符合评价要素一点					
			D	出品不符合上述评价要素					
			E	未答题					

续表

试题代码及名称				1.1.1　核桃塔制作					考核时间		35 min
评价要素		配分	等级	评分细则	评定等级						得分
					A	B	C	D	E		
5	质感 （1）塔底坯酥松 （2）馅料酥 （3）有脆感	3	A	符合评价要素三点							
			B	符合评价要素二点							
			C	符合评价要素一点							
			D	出品不符合上述评价要素							
			E	未答题							
合计配分		15		合计得分							

考评员（签名）：

等级	A（优）	B（良）	C（及格）	D（差）	E（未答题）
比值	1.0	0.8	0.6	0.2	0

"评价要素"得分＝配分×等级比值。

评分细则参考答案：（尽量将细则内容写在上面的表格内，写不下可另写，但要具体可评判）。

备注：（1）所做品种送评 6 只，数量不足此品种评定为 D。

（2）送评品种与考核品种不符，此品种评定为 D。

西式面点师（五级）操作技能鉴定

试　题　单

试题代码：1.4.1

试题名称：麦片饼干制作

考生姓名：　　　　　　　　　准考证号：

考核时间：30 min

1. 操作条件

（1）面粉、黄油、糖、鸡蛋、麦片等饼干面糊制作原料（考生自备制作 20 块麦片饼干原料量）。

（2）制作工具：裱花袋 1 个、裱花头 1 个。

（3）烤制设备：烤箱 1 台、烤盘 1 只。

2. 操作内容

（1）调制饼干面糊。

（2）裱制麦片饼干 20 块。

3. 操作要求

（1）色泽：表面棕黄色、色泽均匀、无焦色。

（2）形态：圆形、大小厚薄一致。

（3）口感：麦片味、甜度适中。

（4）火候：表面无焦点、底火无焦黑。

（5）质感：酥、松、脆。

（6）所做品种送评数量不足，此品种评定为 D。

西式面点师（五级）操作技能鉴定

试题评分表及答案

考生姓名： 准考证号：

试题代码及名称			1.4.1 麦片饼干制作		考核时间				30 min
评价要素	配分	等级	评分细则	评定等级					得分
				A	B	C	D	E	
1 色泽 (1) 棕黄色 (2) 色泽均匀 (3) 无焦色	2	A	符合评价要素三点						
		B	符合评价要素二点						
		C	符合评价要素一点						
		D	出品不符合上述评价要素						
		E	未答题						
2 形态 (1) 圆形 (2) 厚薄一致 (3) 大小均匀	4	A	符合评价要素三点						
		B	符合评价要素二点						
		C	符合评价要素一点						
		D	出品不符合上述评价要素						
		E	未答题						
3 口味 (1) 麦片味 (2) 甜度适中 (3) 口感酥脆	2	A	符合评价要素三点						
		B	符合评价要素二点						
		C	符合评价要素一点						
		D	出品不符合上述评价要素						
		E	未答题						
4 火候 (1) 面火无焦点 (2) 底火无焦黑 (3) 底火色泽均匀	2	A	符合评价要素三点						
		B	符合评价要素二点						
		C	符合评价要素一点						
		D	出品不符合上述评价要素						
		E	未答题						

续表

试题代码及名称			1.4.1 麦片饼干制作		考核时间				30 min
评价要素	配分	等级	评分细则		评定等级				得分
					A	B	C	D	E
5 质感 (1) 酥松 (2) 脆感 (3) 气孔均匀	5	A	符合评价要素三点						
		B	符合评价要素二点						
		C	符合评价要素一点						
		D	出品不符合上述评价要素						
		E	未答题						
合计配分	15		合计得分						

考评员（签名）：

等级	A（优）	B（良）	C（及格）	D（差）	E（未答题）
比值	1.0	0.8	0.6	0.2	0

"评价要素"得分＝配分×等级比值。

评分细则参考答案：（尽量将细则内容写在上面的表格内，写不下可另写，但要具体可评判）。

备注：（1）所做品种送评 20 块，数量不足此品种评定为 D。

（2）送评品种与考核品种不符，此品种评定为 D。

西式面点师（五级）操作技能鉴定

试 题 单

试题代码：2.1.1

试题名称：海绵蛋糕制作

考生姓名： 准考证号：

考核时间：30 min

1. 操作条件

（1）面粉、糖、鸡蛋等海绵蛋糕制作原料（考生自备制作3只海绵蛋糕原料量）。

（2）制作工具：裱花袋1个、搅拌机1台、蛋糕模3只。

（3）烤制设备：烤箱1台、烤盘1只。

2. 操作内容

（1）调制海绵蛋糕面糊。

（2）裱制海绵蛋糕3只，约80 g/只。

3. 操作要求

（1）色泽：表面金黄色、色泽均匀、无焦色。

（2）形态：长方形、端正、饱满、无塌陷。

（3）口感：奶香味、甜度适中。

（4）火候：表面无焦点、底火无焦黑。

（5）质感：松软、细腻、气孔均匀。

（6）所做品种送评数量不足，此品种评定为D。

西式面点师（五级）操作技能鉴定

试题评分表及答案

考生姓名：　　　　　　　　　准考证号：

试题代码及名称				2.1.1　海绵蛋糕制作	考核时间				30 min
评价要素		配分	等级	评分细则	评定等级				得分
					A	B	C	D	E
1	色泽 (1) 金黄色 (2) 色泽均匀 (3) 无焦色	3	A	符合评价要素三点					
			B	符合评价要素二点					
			C	符合评价要素一点					
			D	出品不符合上述评价要素					
			E	未答题					
2	形态 (1) 长方形、端正饱满 (2) 大小一致 (3) 表面无塌陷	5	A	符合评价要素三点					
			B	符合评价要素二点					
			C	符合评价要素一点					
			D	出品不符合上述评价要素					
			E	未答题					
3	口味 (1) 奶香味 (2) 甜度适中 (3) 不粘牙	4	A	符合评价要素三点					
			B	符合评价要素二点					
			C	符合评价要素一点					
			D	出品不符合上述评价要素					
			E	未答题					
4	火候 (1) 面火无焦点 (2) 底火无焦黑 (3) 底火色泽均匀	3	A	符合评价要素三点					
			B	符合评价要素二点					
			C	符合评价要素一点					
			D	出品不符合上述评价要素					
			E	未答题					

续表

试题代码及名称			2.1.1　海绵蛋糕制作		考核时间			30 min
评价要素	配分	等级	评分细则	评定等级				得分
				A	B	C	D	E
5 质感 (1) 松软 (2) 细腻 (3) 气孔均匀	5	A	符合评价要素三点					
		B	符合评价要素二点					
		C	符合评价要素一点					
		D	出品不符合上述评价要素					
		E	未答题					
合计配分	20		合计得分					

考评员（签名）：

等级	A（优）	B（良）	C（及格）	D（差）	E（未答题）
比值	1.0	0.8	0.6	0.2	0

"评价要素"得分＝配分×等级比值。

评分细则参考答案：（尽量将细则内容写在上面的表格内，写不下可另写，但要具体可评判）。

备注：（1）所做品种送评3只，数量不足此品种评定为D。

（2）送评品种与考核品种不符，此品种评定为D。

西式面点师（五级）操作技能鉴定

试　题　单

试题代码：3.1.1

试题名称：汉堡包制作

考生姓名：　　　　　　　准考证号：

考核时间：60 min

1. 操作条件

（1）面粉、黄油、糖、鸡蛋、盐、酵母等汉堡包制作原料（考生自备制作6只汉堡包原料量）。

（2）制作设备：搅拌机1台、醒发箱1台。

（3）烤制设备：烤箱1台、烤盘1只。

2. 操作内容

（1）调制汉堡包面团。

（2）制作汉堡包6只，约55 g/只。

3. 操作要求

（1）色泽：表面金黄色、色泽均匀、无焦色。

（2）形态：圆形、大小均匀、端正饱满。

（3）口感：甜度适中、不粘牙。

（4）火候：表面无焦点、底火无焦黑。

（5）质感：松软、气孔均匀、有弹性。

（6）所做品种送评数量不足，此品种评定为D。

西式面点师（五级）操作技能鉴定

试题评分表及答案

考生姓名：　　　　　　　　　准考证号：

试题代码及名称				3.1.1　汉堡包制作	考核时间					60 min
评价要素		配分	等级	评分细则	评定等级					得分
					A	B	C	D	E	
1	色泽 (1) 金黄色 (2) 色泽均匀 (3) 无焦色	3	A	符合评价要素三点						
			B	符合评价要素二点						
			C	符合评价要素一点						
			D	出品不符合上述评价要素						
			E	未答题						
2	形态 (1) 圆形 (2) 端正饱满 (3) 大小均匀	5	A	符合评价要素三点						
			B	符合评价要素二点						
			C	符合评价要素一点						
			D	出品不符合上述评价要素						
			E	未答题						
3	口味 (1) 面团甜味 (2) 甜度适中 (3) 不粘牙	4	A	符合评价要素三点						
			B	符合评价要素二点						
			C	符合评价要素一点						
			D	出品不符合上述评价要素						
			E	未答题						
4	火候 (1) 面火无焦点 (2) 底火无焦黑 (3) 底火色泽均匀	3	A	符合评价要素三点						
			B	符合评价要素二点						
			C	符合评价要素一点						
			D	出品不符合上述评价要素						
			E	未答题						

续表

试题代码及名称			3.1.1　汉堡包制作		考核时间				60 min
评价要素	配分	等级	评分细则	评定等级					得分
				A	B	C	D	E	
5　质感 （1）松软 （2）有弹性 （3）气孔均匀	5	A	符合评价要素三点						
		B	符合评价要素二点						
		C	符合评价要素一点						
		D	出品不符合上述评价要素						
		E	未答题						
合计配分	20		合计得分						

考评员（签名）：

等级	A（优）	B（良）	C（及格）	D（差）	E（未答题）
比值	1.0	0.8	0.6	0.2	0

"评价要素"得分＝配分×等级比值。

评分细则参考答案：（尽量将细则内容写在上面的表格内，写不下可另写，但要具体可评判）。

备注：（1）所做品种送评 6 只，数量不足此品种评定为 D。

（2）送评品种与考核品种不符，此品种评定为 D。

西式面点师（五级）操作技能鉴定

试 题 单

试题代码：4.1.1

试题名称：双色果冻制作

考生姓名：　　　　　　　准考证号：

考核时间：25 min

1. 操作条件

（1）明胶片、砂糖、果汁等双色果冻制作原料（考生自备制作 3 只双色果冻原料量）。

（2）制作工具：单柄锅 1 个、瓦斯炉 1 台、果冻模 3 只。

（3）制作设备：冰箱 1 台。

2. 操作内容

（1）调制双色果冻液。

（2）制作双色果冻 3 只，直径约 8 cm、重量约 150 g/只。

（3）脱模送评。

3. 操作要求

（1）色泽：果汁本色晶莹剔透、装饰美观、色泽均匀。

（2）形态：脱模完整、大小均匀无缺损、层次分明。

（3）口感：果汁味、甜酸度适中。

（4）火候：无焦色、晶莹透明、无凝固物。

（5）质感：滑、嫩、软。

（6）所做品种送评数量不足，此品种评定为 D。

（7）未按考评要求脱模，此品种评定为 D。

西式面点师（五级）操作技能鉴定

试题评分表及答案

考生姓名：　　　　　　　准考证号：

试题代码及名称			4.1.1　双色果冻制作		考核时间		25 min
评价要素	配分	等级	评分细则	评定等级			得分
				A	B	C	D	E	

	评价要素	配分	等级	评分细则	A	B	C	D	E	得分
1	色泽 (1) 晶莹剔透 (2) 装饰美观 (3) 色泽均匀	1	A	符合评价要素三点						
			B	符合评价要素二点						
			C	符合评价要素一点						
			D	出品不符合上述评价要素						
			E	未答题						
2	形态 (1) 脱模完整 (2) 层次分明 (3) 端正大小均匀无缺损	3	A	符合评价要素三点						
			B	符合评价要素二点						
			C	符合评价要素一点						
			D	出品不符合上述评价要素						
			E	未答题						
3	口味 (1) 果汁味 (2) 甜酸度适中 (3) 爽滑	2	A	符合评价要素三点						
			B	符合评价要素二点						
			C	符合评价要素一点						
			D	出品不符合上述评价要素						
			E	未答题						
4	火候 (1) 无焦色 (2) 透明状 (3) 无凝固物	1	A	符合评价要素三点						
			B	符合评价要素二点						
			C	符合评价要素一点						
			D	出品不符合上述评价要素						
			E	未答题						

续表

试题代码及名称				4.1.1 双色果冻制作		考核时间				25 min
评价要素		配分	等级	评分细则	评定等级					得分
					A	B	C	D	E	
5	质感 （1）滑 （2）嫩 （3）软	3	A	符合评价要素三点						
			B	符合评价要素二点						
			C	符合评价要素一点						
			D	出品不符合上述评价要素						
			E	未答题						
合计配分		10		合计得分						

考评员（签名）：

等级	A（优）	B（良）	C（及格）	D（差）	E（未答题）
比值	1.0	0.8	0.6	0.2	0

"评价要素"得分＝配分×等级比值。

评分细则参考答案：（尽量将细则内容写在上面的表格内，写不下可另写，但要具体可评判）。

备注：（1）所做品种送评3只，数量不足此品种评定为D。

（2）未按考评要求脱模，此品种评定为D。

（3）送评品种与考核品种不符，此品种评定为D。

国家职业资格鉴定

西式面点师（五级）操作技能——过程评分细则表

考生姓名：　　　　　　　　准考证号：

	评价要素	配分	等级	评分细则	评定等级	得分
1	操作卫生： （1）操作中台面干净、卫生。 （2）结束后操作台整理干净、卫生。 （3）地面整理干净、卫生。	4	A	符合鉴定要求三点		
			B	符合鉴定要求二点		
			C	符合鉴定要求一点		
			D	操作未达到上述鉴定要求		
			E	缺考或现场未操作		
2	操作过程： （1）准确使用机械按顺序投料。 （2）掌握搅拌时间、速度。 （3）掌握用擀面棍擀制面坯或裱挤坯料。	5	A	符合鉴定要求三点		
			B	符合鉴定要求二点		
			C	符合鉴定要求一点		
			D	操作未达到上述鉴定要求		
			E	缺考或现场未操作		
3	成形过程： （1）准确掌握中间醒发工序、松弛时间及最后醒发时间。 （2）按产品要求准确选用模具或刀具成形或裱挤成形；使用模具或刀具切割或裱挤工具成形方法准确。 （3）正确选用搓、卷、包、捏等成形操作手法；搓、卷、包、捏等成形操作手法准确。	6	A	符合鉴定要求三点		
			B	符合鉴定要求二点		
			C	符合鉴定要求一点		
			D	操作未达到上述鉴定要求		
			E	缺考或现场未操作		

续表

评价要素		配分	等级	评分细则	评定等级	得分
4	成熟过程： （1）掌握准确的火候，熬煮温度。 （2）熟练使用烤箱，准确掌握温度和时间。 （3）正确使用冷冻设备，掌握冷冻温度。	5	A	符合鉴定要求三点		
			B	符合鉴定要求二点		
			C	符合鉴定要求一点		
			D	操作未达到上述鉴定要求		
			E	缺考或现场未操作		
合计配分		20		合计得分		

考评员（签名）：

等级	A（优）	B（良）	C（尚可）	D（较差）	E（差或缺考）
比值	1.0	0.8	0.6	0.2	0

"评价要素"得分＝配分×等级比值。